高等职业教育教改"十二五"规划教材

电工技术及实训

唐燕妮　黄志忠　戴卫军　主编
尚德政　主审

中国轻工业出版社

图书在版编目（CIP）数据

电工技术及实训/唐燕妮等主编. —北京：中国轻工业出版社，2018.7
高等职业教育教改"十二五"规划教材
ISBN 978-7-5019-8235-6

Ⅰ.①电… Ⅱ.①唐… Ⅲ.①电工技术–高等职业教育–教材 Ⅳ.①TM

中国版本图书馆CIP数据核字（2011）第087718号

责任编辑：王 淳 秦 功
策划编辑：王 淳　　责任终审：孟寿萱　　封面设计：锋尚设计
版式设计：宋振全　　责任校对：杨 琳　　责任监印：张 可

出版发行：中国轻工业出版社（北京东长安街6号，邮编：100740）
印　　刷：北京君升印刷有限公司
经　　销：各地新华书店
版　　次：2018年7月第1版第2次印刷
开　　本：720×1000　1/16　印张：12.75
字　　数：280千字
书　　号：ISBN 978-7-5019-8235-6　　定价：24.00元

邮购电话：010-65241695
发行电话：010-85119835　传真：85113293
网　　址：http://www.chlip.com.cn
Email：club@chlip.com.cn
如发现图书残缺请与我社邮购联系调换
180772J2C102ZBW

前　　言

"电工技术及实训"是高职高专电子、楼宇、信息等工科专业的一门专业基础课程，是根据电类专业职业背景及维修电工职业要求，把训练项目和理论知识充分整合、序化后形成的一门课程，也是突出培养学生电工技术基础知识和维修电工操作技能的核心课程。

本书是基于工作过程系统化设计的项目化教材，共设计了四个学习情境。学习情境一为"汽车转向信号系统电路分析与实践"，学习情境二为"家居照明电气设计和安装"，学习情境三为"实训车间动力配电及设备维修"，学习情境四为"实训楼低压电气系统设计"。随着各个子情境中学习任务的开展，基础知识的学习由浅入深、专业技能的训练层层递进，各种工具和仪表得到充分使用，电工岗位需要的社会能力、知识、职业素养得到充分培训，从而使学生电工技能的训练更贴近岗位能力的要求。

本书由广东省河源职业技术学院唐燕妮（学习情境一、学习情境二）、黄志忠（学习情境三）、戴卫军（学习情境四）编写，黑龙江信息职业技术学院尚德政主审。在本书的编写过程中，编者得到了广东省河源职业技术学院各级领导和同事的大力支持与帮助，在此表示由衷的感谢。

由于编者的水平有限，书中的疏漏在所难免，热忱欢迎读者对本书提出批评与建议。

编　者
2011 年 4 月

目 录

学习情境一 汽车转向信号系统电路分析与实践 ·············· 1
子情境 汽车一般转向信号系统电路 ···················· 1
【训练项目】转向信号灯直流电阻测量 ·················· 1
  任务1 单个信号灯及总电阻测量 ······················ 2
  任务2 转向电路的电压及电流测量 ···················· 2
【知识链接1】万用表的使用 ························· 3
【知识链接2】电流与电压的测量 ······················ 20
【知识链接3】基尔霍夫定律 ························· 25
【知识链接4】电压源与电流源的等效变换 ················ 29
【知识链接5】戴维南定律及其应用 ···················· 31
 习题一 ································· 33

学习情境二 家居照明电气设计和安装 ···················· 35
子情境一 带单相电度表的日光灯安装接线及白炽灯的异地控制线路安装 ·················· 35
【训练项目1】带单相电度表的日光灯安装接线 ············· 35
  任务1 常用导线连接训练 ·························· 36
  任务2 按图2-1要求完成带单相电度表的日光灯安装接线 ····· 36
【知识链接1】电工工具的使用 ······················· 37
【知识链接2】正弦交流电电路 ······················· 47
【训练项目2】带智能开关的白炽灯异地控制线路安装 ·········· 52
  任务1 双联开关、电脑程序控制器、白炽灯等器件测试 ······· 52
  任务2 按图2-34要求完成双联开关实现白炽灯的异地控制线路安装 ····· 53
【知识链接1】正弦交流电电路中电阻、电容、电感之间的电压与电流关系 ······ 53
【知识链接2】阻抗的计算 ························· 58
【知识链接3】单相电路功率计算 ······················ 61

子情境二 白炽灯串电感调光电路测试 ···················· 63
【训练项目】用示波器观察白炽灯和镇流器两端的电压波形 ······ 64
  任务1 白炽灯和镇流器串联电路电压三角形测量 ··········· 64
  任务2 示波器的使用 ···························· 65
【知识链接】电工安全知识 ························· 66

子情境三 绘制二室一厅照明电气平面电路图及电气工程预算 ·········· 68

【训练项目1】照明电气平面系统图及平面图的绘制 ……………………… 69
　　　　任务1　标准照明电路图的识读 ………………………………………… 69
　　　　任务2　绘制二室一厅电气平面布置图 ………………………………… 69
　　　　任务3　绘制二室一厅电气系统图 ……………………………………… 70
　　【知识链接】家居电气线路设计 …………………………………………… 70
　　【训练项目2】二室一厅电气工程预算 ……………………………………… 74
　　【知识链接】电气材料知识 ………………………………………………… 76
　子情境四　二室一厅配电线路安装、故障排除 ………………………………… 84
　　【训练项目】二室一厅家居线路的安装、常见故障排除 …………………… 84
　　　　任务1　画出电路原理图及各部件连接图 ……………………………… 85
　　　　任务2　开关底盒、插座的布局，线槽、线管安装 …………………… 85
　　　　任务3　导线的敷设、灯具、开关安装 ………………………………… 85
　　【知识链接1】导线的选择及室内配线 ……………………………………… 85
　　【知识链接2】照明电路常见故障排除方法 ………………………………… 88
　习题二 ……………………………………………………………………………… 90
学习情境三　实训车间动力配电及设备维修 ……………………………………… 92
　子情境一　变压器的应用 ………………………………………………………… 92
　　【训练项目1】变压器的拆装、检测及同名端判别 ………………………… 92
　　　　任务1　单相变压器的拆装、检测 ……………………………………… 93
　　　　任务2　变压器线圈极性测定 …………………………………………… 95
　　【训练项目2】变压器的检测 ………………………………………………… 96
　　　　任务1　变压器绝缘电阻测量 …………………………………………… 97
　　　　任务2　变压器直流电阻测量 …………………………………………… 97
　　　　任务3　测量变压器的变比 ……………………………………………… 98
　　【知识链接】变压器的原理、种类、检测 ………………………………… 98
　子情境二　三相功率计量 ……………………………………………………… 102
　　【训练项目1】DT862三相电度表直接计量接线 ………………………… 103
　　　　任务1　完成三相电度表接线和功率计量 …………………………… 103
　　　　任务2　三相电压、电流相量图绘制 ………………………………… 104
　　【训练项目2】电流互感器与三相电度表安装接线 ……………………… 104
　　　　任务1　完成经电流互感器的三相电度表接线和功率计量 ………… 104
　　【知识链接】三相电路知识 ………………………………………………… 105
　子情境三　电动机的拆装及检测 ……………………………………………… 113
　　【训练项目1】三相异步电动机的拆装及检测 …………………………… 114
　　　　任务1　三相异步电动机的拆卸 ……………………………………… 114
　　　　任务2　电动机主要部件的拆装方法 ………………………………… 115

目　录

　　　任务 3　三相异步电动机的装配 ………………………………………… 118
　　　任务 4　异步电动机首尾判别 …………………………………………… 119
　　【知识链接】电动机有关知识 …………………………………………………… 120
　　【训练项目 2】直流电动机的拆装及检测 ……………………………………… 138
　　　任务 1　拆装直流电动机 ………………………………………………… 138
　　　任务 2　双臂电桥测量直流电动机磁绕组电阻 ………………………… 139
　　【知识链接】直流电动机 ………………………………………………………… 139
　子情境四　异步电动机典型控制电路安装 ………………………………………… 141
　　【训练项目 1】三相异步电机单向自锁控制电路的安装和调试 ……………… 141
　　　任务 1　三相异步电动机的正转主电路安装接线 ……………………… 142
　　　任务 2　三相异步电动机的正转控制电路安装接线 …………………… 143
　　【训练项目 2】三相异步电动机的正反转电路安装 …………………………… 143
　　　任务 1　三相异步电动机的正反转主电路安装接线 …………………… 144
　　　任务 2　三相异步电动机的正反转控制电路安装接线 ………………… 144
　　【训练项目 3】三相异步电动机 Y-△降压启动控制电路的安装和调试 …… 145
　　　任务 1　三相异步电动机的 Y-△主电路安装接线 …………………… 145
　　　任务 2　三相异步电动机的 Y-△控制电路安装接线 ………………… 145
　　【知识链接 1】常用低压电器 …………………………………………………… 146
　　【知识链接 2】三相异步电动机的控制 ………………………………………… 150
　子情境五　模具、数控车间电气设备故障检修 …………………………………… 154
　　【训练项目 1】C620-1 车床的维修 …………………………………………… 155
　　　任务 1　C620-1 车床控制电路（图 3-73）故障检修 ………………… 155
　　　任务 2　C620-1 车床主轴电动机不能起动故障检修 ………………… 155
　　　任务 3　C620-1 车床主轴电动机不能停车故障检修 ………………… 156
　　【知识链接】机床电气设备的日常维护、保养和检修 ………………………… 156
　子情境六　模具、数控车间电气设备电缆的选择及敷设 ………………………… 160
　　【训练项目】模具、数控车间电气设备电缆的选择及敷设 …………………… 160
　　　任务 1　模具、数控车间电气设备的铭牌数据分析及电缆选型 ……… 161
　　　任务 2　敷设主要电气设备的线缆 ……………………………………… 161
　　【知识链接】电线、电缆知识 …………………………………………………… 161
　习题三 ………………………………………………………………………………… 164

学习情境四　实训楼低压电气系统设计 ……………………………………………… 165
　子情境一　实训楼公共照明配电系统设计 ………………………………………… 165
　　【训练项目 1】实训楼公共照明负荷统计 ……………………………………… 165
　　　任务 1　灯具的选择及布置 ……………………………………………… 166
　　　任务 2　灯具数量及功率的确定 ………………………………………… 166

【训练项目2】楼层配电系统图的绘制 ……………………………………… 166
　　任务1　实训楼层公共照明平面图的绘制 …………………………… 167
　　任务2　配电系统图的绘制 …………………………………………… 167
　【知识链接1】照明配电系统的相关知识 ………………………………… 168
　【知识链接2】电气设备的防雷与接地 …………………………………… 175
子情境二　实训楼动力配电系统设计 …………………………………………… 188
　【训练项目】编写电气设计说明书 ………………………………………… 188
　　任务　实训楼电气说明书编写 ………………………………………… 188
　【知识链接1】配电系统设计基本要求 …………………………………… 189
　【知识链接2】负荷分级及其对供电电源的要求 ………………………… 190
　【知识链接3】电源及供电系统 …………………………………………… 192
　习题四 ……………………………………………………………………… 195
参考文献 …………………………………………………………………………… 196

学习情境一　汽车转向信号系统电路分析与实践

学习目标：
（1）能正确测量常用电阻、电容器件，并对测量结果进行准确描述和分析；
（2）熟练掌握电路的基本物理量；
（3）能应用电路定律来判断和处理汽车转向信号系统电路故障。

子情境　汽车一般转向信号系统电路

能力目标：
（1）能使用万用表测量信号灯的直流电阻；
（2）能使用万用表对电路的直流电压、电流等参数进行测试，并能分析所得数据；
（3）能完成汽车转向信号系统电路的连接，能分析实训中遇到的问题并找出解决办法。

知识目标：
（1）掌握指针式万用表的结构；
（2）掌握指针式万用表、数字式万用表的正确使用方法；
（3）掌握直流电路的基本定理。

【训练项目】转向信号灯直流电阻测量

一、项目目标

（1）熟悉指针式万用表的结构；
（2）掌握利用万用表测量信号灯直流电阻的方法；
（3）掌握转向灯信号电路各点电位的测量；

（4）能测量转向灯信号电路各支路的电流。

二、项目要求

（1）根据给定的转向电路进行电路连接；
（2）测量电源电压及信号的电阻，并分析信号灯串联和并联时的不同效果。

三、项目实训仪器、设备及实训材料

（1）指针式万用表（MF47）和数字式万用表各1个；
（2）电工实验台（能提供0～15V，0～30V直流稳压电源）各1台；
（3）汽车用转向灯4个/组；
（4）转向灯开关1个/组；
（5）转向信号闪光器1个/组；
（6）左右转向信号指示灯各1个/组；
（7）连接导线若干。

四、项目实训内容与步骤

任务1　单个信号灯及总电阻测量

图1-1为汽车转向灯信号系统图。分别使用指针和数字式万用表测量单个信号的电阻，将数据列表记录。转换开关拨到欧姆挡，合理选择量程，然后表笔短接，进行电气调零，即转动欧姆调节旋钮，使指针打到电阻刻度右边的"0"处，调零结束后用两表笔接触灯的两端，用表头指针显示的计数乘以所选量程的倍率数，即为所测量灯的电阻值，如选用的是 $R \times 10$ 挡，读数为100，则灯的实际电阻为 $100 \times 10 = 1000\Omega$。用错误手法（手同时接触被测电阻的两端），测量值记录在表1-1中，并和上述测量值进行比较。把2个信号灯串联起来，测量其电阻值，然后把信号灯并联后再测量其电阻值，记录在表格中。

表1-1　　　　　　　　电阻记录表

R 前左	R 前右	R 后右（错误手法）	R_{BC}（串联）	R 并联

任务2　转向电路的电压及电流测量

（1）把转换开关拨到直流电压挡，进行机械调零，如表头指针没有和零位重合，则要进行调整，并选择合适的量程。对照电路图，测量电源的电压。
（2）把转换开关置于左边位置，测量左转向灯两端的电压值，并和电源电压进行比较。
（3）把转换开关拨到直流电流挡，选择合适的量程，将被测量电路断开，万用表串入电路中，分别测量各支路的电流及电源总电流，电流从红表笔流入，

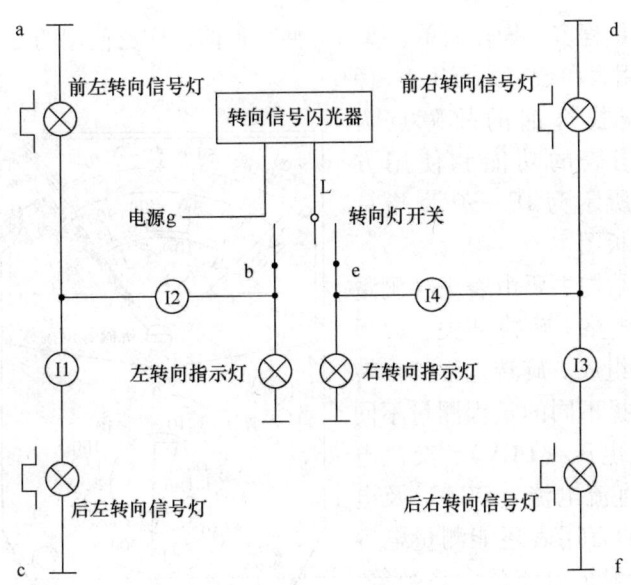

图 1-1 汽车转向灯信号系统图

黑表笔流出,不能接反,在不清楚极性的情况下,可采用点击的方式,根据指针稳定时的位置读出实际读数,记录在表 1-2 中。

表 1-2 电压/电流记录表

电压/电流 电位参与点	U_A	U_B	U_E	U_F	I_1	I_2	I_3	I_4
A(D)								
B(E)								

五、思考与分析

(1) 使用万用表测量电阻时,没有进行调零,测量值会有什么变化?

(2) 如果用万用表测量电流时,并联在试品两端,可能会出现什么问题?

(3) 用万用表 R×1k 和 R×100 挡测量信号的电阻时,指针位置是否基本相同?

(4) 什么时候使用 R×1 这个测量挡位?如使用 R×10k 挡位,要注意什么问题?

【知识链接1】万用表的使用

一、指针式万用表的使用

万用表是一种最常用的电工测量仪表,它功能齐全,能测量多种电量和电参数,并且测量量程多、操作简单、携带方便。目前,广泛使用的万用表有模拟式(指针式)万用表和数字式万用表两种。

下面以查找灯泡的故障点为例,介绍万用表的功能和使用方法。图1—2所示为IF—30型指针式万用表的面板图。

万用表的结构主要由表头(测量机构)、测量线路、转换开关、面板及表壳等部分组成。旋转量程挡位转换开关,可选择不同的量程测量不同的电量如直流电压(DCV)、交流电压(ACV)、直流电流(DCA)及电阻(Ω)。有的万用表还能测量电容量、晶体管共射极电流放大系数等。在万用表刻度盘上有一些符号,这些符号和数字就像表示仪表性能和正确

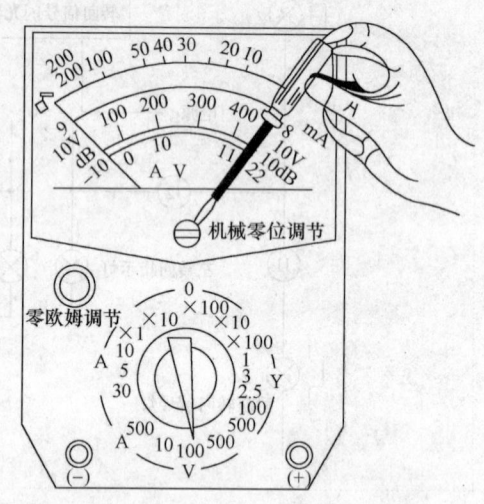

图1—2 IF—30型万用表的面板图

使用的简要说明书,要时刻注意。如"冂"表示使用时需水平放置,5.0表示测量时含有相当于满刻度的±5.0%的误差;其他符号说明参见万用表使用说明书。

(一) 电压的测量

测电压时最重要的是量程的选择,如果用小量程去测量大电压,则会有烧毁表的危险,如是用大量程去测量小电压,那指针有可能偏转太小,无法读数。量程的选择,应尽量使指针偏转到满刻度的2/3左右。如果事先不清楚被测电压的大小时,要先选择最高量程挡,然后逐渐减小到合适的挡位。测电压时,万用表两表笔应跨接在被测电压的两端之间,即和被测电压的电路或负载并联。

交流电压的测量:万用表转换开关置于ACV的合适量程上,两个表笔接到所要测量的电压两端即可,如图1—3(a)所示。

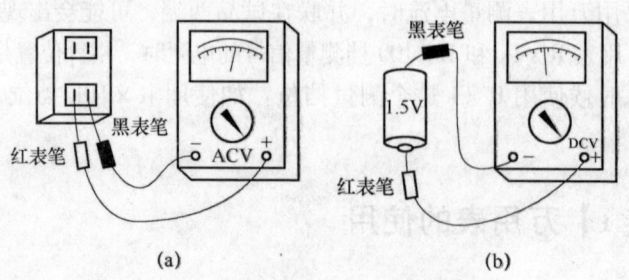

图1—3 用万用表测量电源插座和电池的电压
(a) 测量电源插座电压(ACV) (b) 测量电池电压(DCV)

直流电压的测量:万用表转换开关置于 DCV 的合适量程上,"+"表笔插孔的红表笔接到被测电压的正极,"-"表笔插孔的黑表笔接到被测电压的负极,如图 1-3(b)所示。若表笔接反,表头指针会反方向偏转,容易撞弯指针。

(二)直流电流的测量

测量直流电流时,万用表转换开关置于 DCA 的合适量程上。电流的量程选择和读数方法与电压一样。测量时必须先断开电路,然后按照电流从正到负的方向,将万用表串联到被测电路中。如图 1-4 所示,"+"表笔插孔的红表笔接到电路的正极,"-"表笔插孔的黑表笔接到电路的负极。

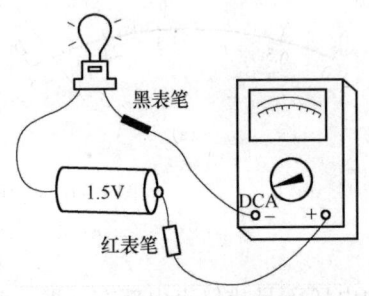

图 1-4 测量灯泡的直流电流

注意:如果误将万用表电流挡与负载并联,因表头的内阻很小,会造成短路,烧毁仪表。

(三)电阻的测量

运用上述电压测量方法测量电源的电压后,接着怎样判断灯泡的电阻和插头的导线是否正常呢?这就要用到万用表的电阻挡。图 1-5 显示了用万用表测量灯泡电阻的过程。如果测量结果显示电阻无穷大,则表示灯泡灯丝烧断或导线内部断开,需更换灯泡或导线。

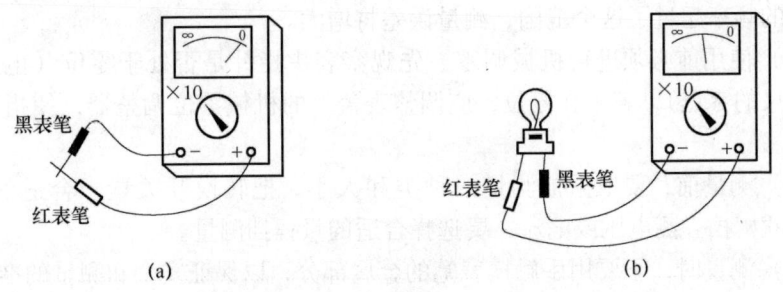

图 1-5 测量灯泡与插头导线的电阻
(a)转动调零电位器,使指针指零　(b)读取最上面的电阻刻度,再乘以 10 倍

用万用表的电阻挡测量电阻时,需要注意以下事项:

(1)选择合适的倍率挡。万用表欧姆挡的刻度线是不均匀的,如图 1-6 所示,所以倍率挡的选择以使指针停留在刻度线较稀的部分为宜,且指针越接近刻度尺的中间,读数越准确。一般情况下,应使指针指在刻度尺的 1/3~2/3 间为宜。面板上×1、×10、×100、×1k、×10k 的符号表示倍率数,所测电阻的电阻值 = 表头的读数 × 倍率数。

(2)欧姆调零。测量电阻之前,应将表笔测试棒短接,同时转"调零旋钮",使指针刚好指在欧姆刻度线右边的零位。如果指针不能调到零位,说明电

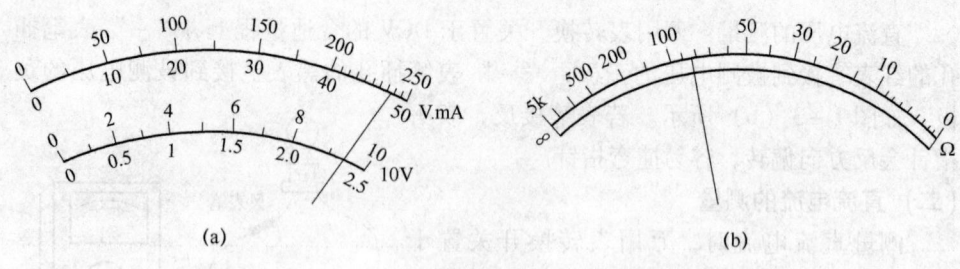

图1-6 电压电流挡刻度线与欧姆挡刻度线
(a) 电压电流挡刻度线 (b) 欧姆挡刻度线

池电压不足或仪表内部有问题。注意:每换一次倍率挡测量电阻之前,都要进行欧姆调零,以保证测量准确。

(3) 不能带电测量电阻。测量电阻时,万用表由内部电池供电,被测电阻决不能带电。如果带电测量则相当于接入一个额外的电源,不仅得不到正确的测量数据,而且可能损坏表头。

(四) 指针式万用表的使用注意事项

(1) 使用前认真阅读说明书,充分了解万用表的性能,正确理解表盘上各种符号和字母的含义及各标度尺的读法。熟悉转换开关旋钮和插孔的作用。

(2) 指针式万用表的使用频率范围一般为45~1 000Hz,如果被测交流电流或电压的频率超过了这个范围,测量误差将增大。

(3) 使用前必须进行机械调零。先观察表头指针是否处于零位(电压、电流标度尺的零点),若不在零位,应调整表盖上的机械零位调整器,使指针恢复到零位。

(4) 测量前,要根据被测量的种类和大小,把转换开关置于合适的位置。不能用欧姆挡去测电压或电流,要选择合适的量程挡测量。

(5) 测量时,不要用手触摸表笔的金属部分,以保证安全和测量的准确性。

(6) 测量高电压(如220V)或大电流(如0.5A)时,不能在测量时旋动转换开关,避免转换开关的触头产生电弧而损坏开关。

(7) 测量结束后,应将转换开关旋至最高电压挡或空挡。

二、数字式万用表的应用

当前数字式测量仪表成为主流,大有取代模拟式仪表的趋势。与模拟式仪表相比,数字式仪表灵敏度高、准确度高、显示清晰、过载能力强、便于携带、使用更简单。但数字万用表也有其不足之处,它不能反映被测电量的连续变化过程以及变化的趋势。例如,用它来观察电解电容的充放电过程时就不如指针式万用表直观。所以应根据需要分别选用。

数字式万用表由功能变换器、转换开关和直流数字电压表3部分组成,下面以 DT890 型数字万用表（如图 1-7）为例，简单介绍数字式万用表的使用方法和注意事项。

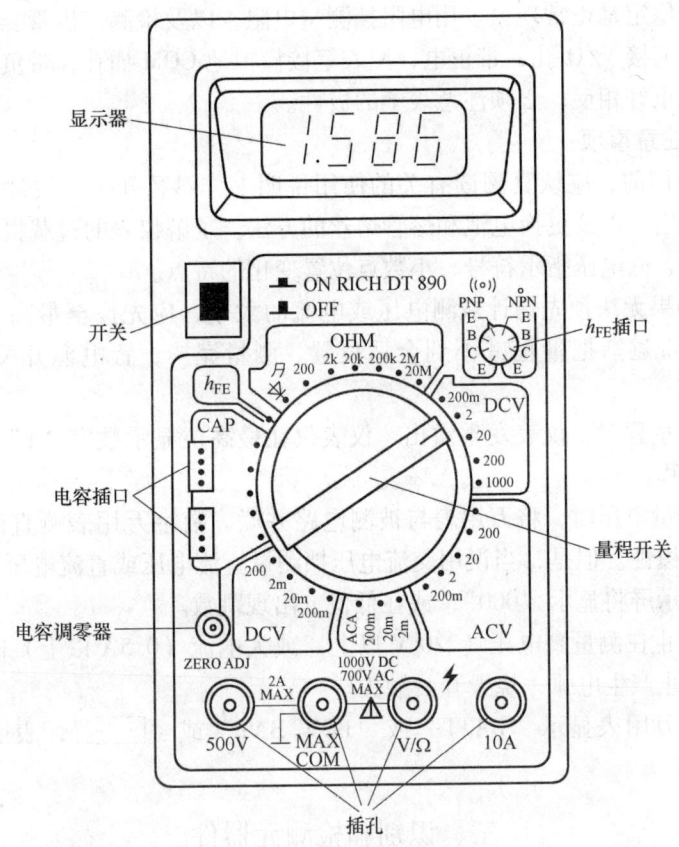

图 1-7　DT890 型数字万用表的面板图

数字万用表除了具有模拟式万用表测量交直流电压、直流电流和电阻的功能外，还能测量交流电流。此外，三极管共射极放大系数、电容量、音频电平的测量都比模拟式万用表准确。

（一）使用方法

（1）测量交直流电压时，将电源开关置于 ON 位置（下同），根据需要将量程开关拨至 DCV（直流）或 ACV（交流）的合适量程，红表笔插入 V/Ω 孔，黑表笔插入 COM 孔，并将表笔连接到测试线路上，读数即显示。

（2）测量交直流电流时，将量程开关拨至 DCA（直流）或 ACA（交流）范围内的合适量程，红表笔插入 mA 孔（小于 200mA 时）或 10A 孔（大于 200mA 时），黑表笔出入 COM 孔，并通过表笔将万用表串联在被测电路中即可。在测量直流电流时，数字万能自动转换或显示极性。

（3）测量电阻时，将量程开关拨至 Ω（或 OHM）的合适量程，红表笔插入

V/Ω 孔，黑表笔插入 COM 孔。如果被测电阻值超出所选择量程的最大值，万用表将显示过量程"1"，这时应选择更高的量程。对于大于 1MΩ 的电阻，几秒钟后读数才能稳定是正常现象。用电阻挡测量电阻，以及检测二极管、检查线路通断时，红表笔接 V/Ω 孔，带正电，黑表笔接模拟地 COM 插孔，带负电，这与指针式万用表正好相反，必须注意表笔的极性。

（二）使用注意事项：

（1）使用前，应认真阅读有关的使用说明书，熟悉开关、按键、插孔、特殊插口的作用，以及更换电池和熔管熔丝的方法。了解仪表的过载报警声音、极性显示符号、低电压指示符号、小数点位置变化的特点。

（2）如果无法预先估计被测电压或电流的大小，应先拨至最高量程测量一次，再视情况逐渐把量程减小到合适位置。测量完毕，置电源开关于"OFF"位置。

（3）满量程时，仪表发生溢出。仪表仅在最高位显示数字"1"，此时应选择更高的量程。

（4）测量电压时，将万用表与被测电路并联。数字万用表测直流电压不必考虑正、负极性。但是，当误用交流电压挡测量直流电压或直流电压挡测量交流电压时，显示屏将显示"000"，或在低位上出现跳数。

（5）禁止在测量高电压（220 V 以上）或大电流（0.5A 以上）时拨动量程开关，以防止产生电弧，烧毁开关触头。

（6）当万用表显示"BATT"或"LOW BAT"或"+ -"，表明电池电压不足。

三、识别和检测元器件

（一）电阻器

1. 认识电阻器

电阻器是一种消耗电能的元件，在电路中用于稳定、调节、控制电压或电流的大小，起限流、降压、偏置、取样、调节时间常数、抑制寄生振荡等作用。电阻器的图形符号见图 1-8。

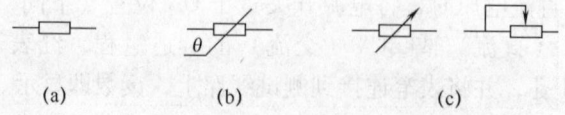

图 1-8 电阻器的图形符号
(a) 电阻器（一般符号） (b) 热敏电阻器 (c) 电位器（可调电阻器）

根据国家标准 GB2470-81 的规定，电阻器的型号由以下几部分构成：

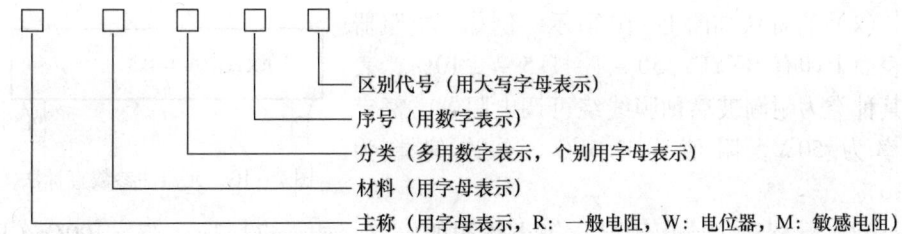

电阻器的材料、分类代号及其意义见表1-3。

表1-3　　　　　电阻器的材料、分类代号及其意义

材料		分类					
字母代号	意义	数字代号	意义		字母代号	意义	
			电阻器	电位器		电阻器	电位器
T	碳膜	1	普通	普通	G	高功率	-
H	合成膜	2	普通	普通	T	可调	-
S	有机实芯	3	超高频	-	W	-	微调
N	无机实芯	4	高阻	-	D	-	多圈
J	金属膜	5	高温	-			
Y	金属氧化膜	6					
C	化学沉积膜	7	精密	精密			
I	玻璃釉膜	8	高压	函数			
X	线绕	9	特殊	特殊			

按照制造工艺或材料，电阻器可分为合金型、薄膜型、合成型。按照使用范围及用途，电阻器可分为普通型、精密型、高频型、高压型、高阻型、集成电阻（电阻排）。几种常用电阻器的外形如图1-9所示，电阻在电路中用"R"加数字表示，如：R25表示编号为25的电阻。阻值是电阻的主要参数之一，单位为欧姆（Ω），倍率单位有：千欧（kΩ），兆欧（MΩ）等。换算方法是：1兆欧=1000千欧=1000000欧。电阻的参数标注方法有3种，即直标法、数标法和色标法。

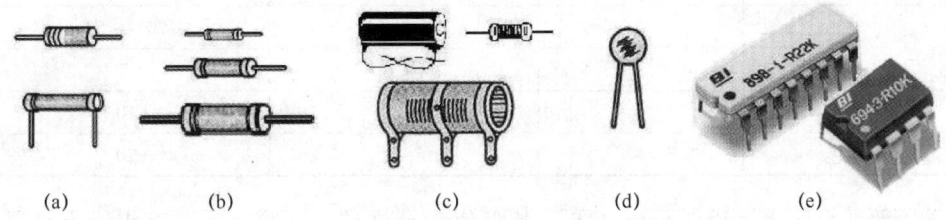

　　(a)　　　　　(b)　　　　　(c)　　　　(d)　　　　(e)

图1-9　几种常用电阻器的外形
(a) 碳膜电阻　(b) 金属膜（或金属氧化膜）电阻　(c) 线绕电阻
(d) 热敏电阻　(e) 电阻网络（集成电阻、电阻排）

(1) 直标法如图 1-10 所示。例如,电阻器的表面上印有 RXYC-50-T-1k5-±10%,表示其种类为耐潮玻璃釉膜线绕可调电阻器,额定功率为 50W,阻值为 1.5kΩ,允许偏差为 ±10%。

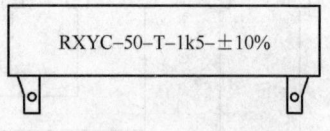

图 1-10 元器件参数直标法

(2) 数标法主要用于贴片等小体积的电路,如:472 表示 $47 \times 100\Omega$(即 4.7K);104 则表示 100K。

(3) 色环标注法使用最多,如图 1-11 所示分别为四色环电阻,五色环电阻(精密电阻)。表 1-4 为电阻的色标位置和倍率关系。

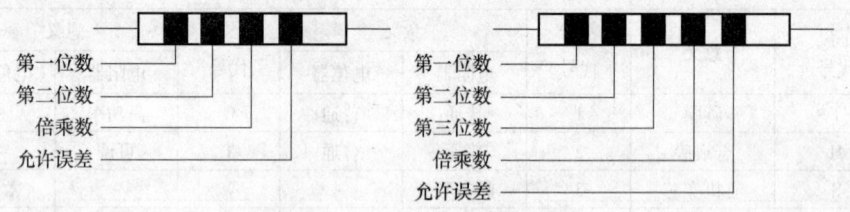

图 1-11 元器件参数色标法

表 1-4　　　　　　　电阻的色标位置和倍率关系

颜色	有效数字	倍率(乘数)	允许偏差/%
黑	0	10^0	-
棕	1	10^1	±1
红	2	10^2	±2
橙	3	10^3	
黄	4	10^4	
绿	5	10^5	±0.5
蓝	6	10^6	±0.25
紫	7	10^7	±0.1
灰	8	10^8	-
白	9	10^9	-20 ~ +50
金	-	10^{-1}	±5
银	-	10^{-2}	±10
无色	-	-	±20

普通电阻大多用四个色环表示其阻值和允许偏差。第一、二环表示有效数字,第三环表示倍率(乘数),第四环与前三环距离较大(约为前几环间距的 1.5 倍),表示允许偏差。例如,红、红、红、银四环表示的阻值为 $22 \times 10^2 = 2200\Omega$,允许偏差为 ±10%。

精密电阻采用五个色环标志，前三环表示有效数字，第四环表示倍率，与前四环距离较大的第五环表示允许偏差。例如，棕、紫、绿、银、绿五环表示阻值为 $175\times10^{-2}=1.75\Omega$，允许偏差为 $\pm0.5\%$。

电阻实质上是把吸收的电能转换成热能的能量转换元件。电阻在电路中消耗电能，并使自身的温度升高。在电路图中，电阻器的额定功率标志在电阻的图形符号上，如图 1-12 所示。

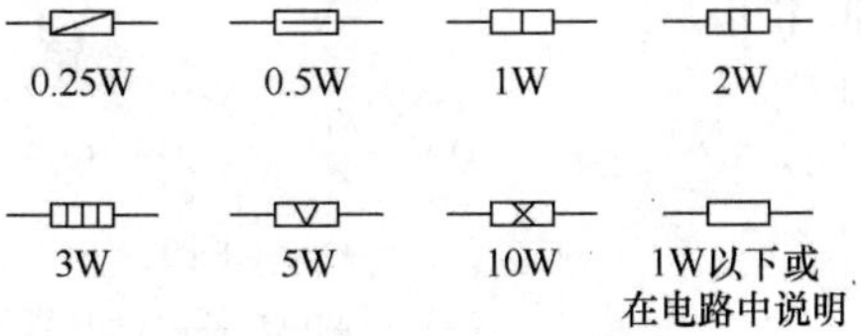

额定功率 2W 以下的小型电阻，其额定功率值通常不在电阻体上标出，观察外形尺寸即可确定；额定功率 2W 以上的电阻，因为体积比较大，其功率值均在电阻体上用数字标出。电阻器的额定功率主要取决于电阻体的材料、外形尺寸和散热面积。一般说来，额定功率大的电阻器，其体积也比较大。

图 1-12 标有电阻器额定功率的电阻符号

2. 检测电阻器

判断电阻的好坏，首先看电阻器表面有无烧焦、引线有无折断现象。再用万用表电阻挡测量阻值，合格的电阻值应该稳定在允许的误差范围内，如超出误差范围或阻值不稳定，说明电阻已经损坏。

测量步骤：

将万用表的功能选择开关旋转到适当量程的电阻挡，先调整零点，然后再进行测量。电阻值 = 电阻挡×读数。在测量中每次变换量程，都必须重新调零后再使用。

按照图 1-13 所示的正确方法，将两表笔（不分正负）分别与电阻的两端相接即可测出实际电阻值。

测量操作注意事项：测试时，特别是在测几十千欧以上阻值的电阻时，手不要触及表笔和电阻的导电部分；被检测的电阻必须从电路中焊下来，至少要

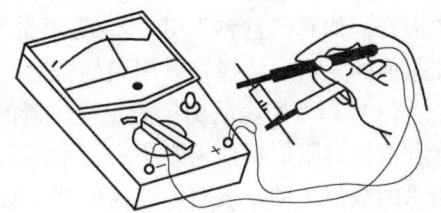

图 1-13 电阻测量方法

焊开一个头，以免电路中的其他元件对测试产生影响，造成测量误差。

（二）电位器

1. 认识电位器

电位器也叫可调电阻器，其图形符号和外形如图 1-14 所示。电位器有三个引出端：其中两个引出端为固定端，固定端之间的电阻值是固定的；另一个是滑动端（也称中心抽头），滑动端可以在固定端之间的电阻体上做机械运动，使其与固定端之间的电阻发生变化。

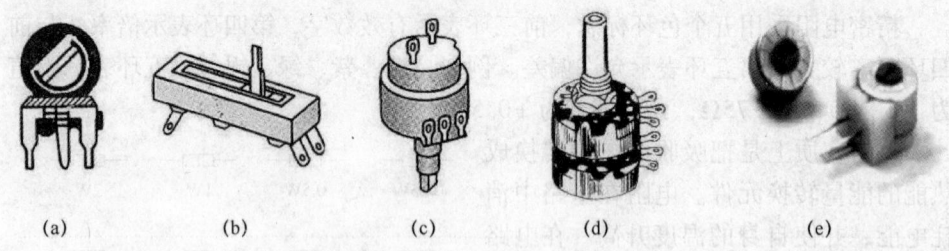

图 1-14 常用电位器外形

(a) 微调电位器　(b) 直滑式电位器　(c) 带开关电位器
(d) 合成碳膜电位器　(e) 有机实心电位器

把输入电压加在两个固定端之间，在滑动端与一个固定端之间就能得到对输入电压的分压，调整滑动端在两个固定端之间的机械位置，就可以改变相应的输出电位，见图 1-15（a）。当滑动端与一个固定端直接连接时，电位器就成为可调电阻器，调整滑动端在两个固定端之间的机械位置，两个固定端之间的电阻也被改变，常用来调节电路中某一支路的电阻值如图 1-15（b）。可见，因为接入电路的方式不同，才有了电位器和可调电阻器这两种名称。

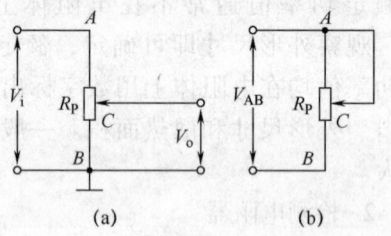

图 1-15 电位器应用电路的图形符号
(a) 电位器的接法　(b) 可调电阻器的接法

2. 检测电位器

检测电位器时，首先要转动旋柄，看看旋柄转动是否平滑，开关是否灵活，开关通、断时"喀哒"声是否清脆，并听一听电位器内部接触点和电阻体摩擦的声音，如有"沙沙"声，说明质量不好。用万用表测试时，先根据被测电位器阻值的大小，选择好万用表的合适电阻挡位，然后可按下述方法进行检测。

（1）用万用表欧姆挡测量电位器的两个固定端的电阻如图 1-16（a），并与标称值核对阻值。如果万用表指示的阻值比标称值大得多，表明电位器已坏；如指示的数值跳动，表明电位器内部接触不好。

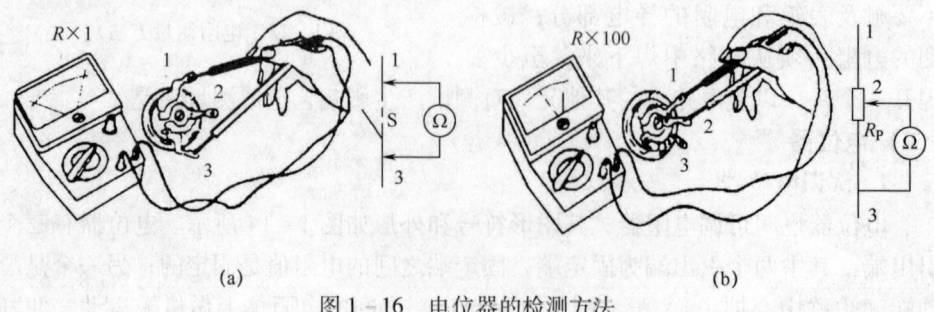

图 1-16 电位器的检测方法
(a) 固定端的测量　(b) 滑动端与固定端的测量

(2）测量滑动端与固定端的阻值变化情况如图 1-16（b）。移动滑动端，如阻值从最小到最大之间连续变化，而且最小值越小，最大值越接近标称值，说明电位器质量较好；如阻值间断或不连续，说明电位器滑动端接触不良，则不能选用。

（三）电容器

1. 认识电容器

电容在电路中具有隔断直流电，通过交流电的特点。因此常用于级间耦合、滤波、去耦、旁路及信号调谐等方面。电容器的图形符号见图 1-17。

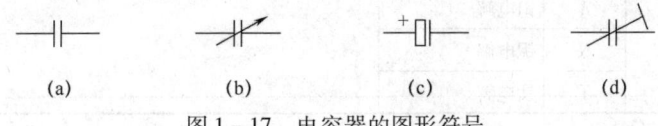

图 1-17 电容器的图形符号

(a）固定电容器 (b）可调电容器 (c）电解电容器 (d）半可调电容器

根据国家标准，电容器型号的命名由 4 部分内容组成，见表 1-5。其中第四部分作为补充，说明电容器的某些特征；如无说明，则只需三部分组成，即两个字母一个数字。大多数电容器的型号都由 3 部分内容组成。

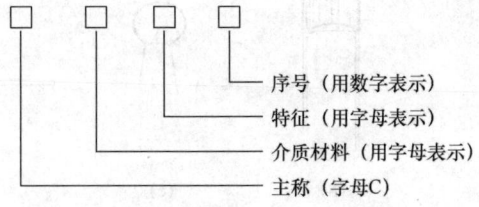

表 1-5　　　　　　　电容器的分类代号及其意义

第一部分（主称）		第二部分（材料）		第三部分（特征，依种类不同而含义不同）			
符号	含义	符号	含义	符号	瓷介	云母	有机	电解
C	电容器	C	高频瓷	1	圆形	非密封	非密封	箔式
		T	低频瓷	2	管形	非密封	非密封	箔式
		Y	云母	3	叠片	密封	密封	烧结粉液体
		V	云母纸	4	独石	密封	密封	烧结粉固体
		I	玻璃釉	5	穿心		穿心	
		O	玻璃膜	6	支柱形			
		B	聚苯乙烯	7				无极性
		F	聚四氟乙烯	8	高压	高压	高压	
		L	聚酯（涤纶）	9			特殊	特殊
		S	聚碳酸酯	G	高功率			
		Q	漆膜	T	叠片式			
		Z	纸介	W	微调			

续表

第一部分（主称）		第二部分（材料）		第三部分（特征，依种类不同而含义不同）				
符号	含义	符号	含义	符号	瓷介	云母	有机	电解
C	电容器	J	金属化纸介					
		H	复合介质					
		G	合金电解质					
		E	其他电解质					
		D	铝电解					
		A	钽电解					
		N	铌电解					
		T	钛电解					

电容器是用一层绝缘材料（介质）间隔的两片导体。电容器是储能元件，当两端加上电压以后，极板间的电介质即处于电场之中，介质两边可以储存一定量的电荷。图1-18是几种常用电容器的外形。

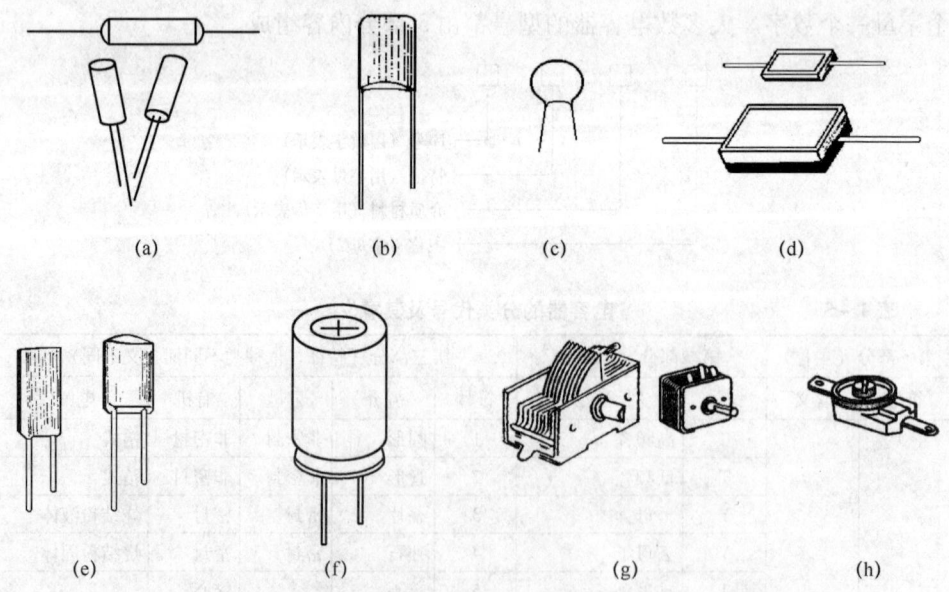

图1-18 各类电容器外形

(a) 各种纸介电容器 (b) 薄膜电容器 (c) 瓷介电容器 (d) 几种云母电容器
(e) 玻璃电容器 (f) 铝电解电容器 (g) 小型可变电容器 (h) 微调电容器

电容在电路中用"C"表示，电容器储存电荷的能力用电容量表示。电容量的基本单位是法拉（F），常用单位是微法（μF）和皮法（pF），$1F = 10^6 \mu F = 10^{12} pF$。电容的识别方法与电阻的识别方法基本相同。

例如图 1-19（a）中的电容器采用的是直标法，表面上印有 CD11-16-22，表示其种类为单向引线式铝电解电容器，额定直流工作电压为 16V，标称容量为 22μF。图 1-19（b）中的电容器表示其额定工作电压为 400V，标称容量为 $22 \times 10^3 \text{pF} = 0.022 \mu\text{F}$。

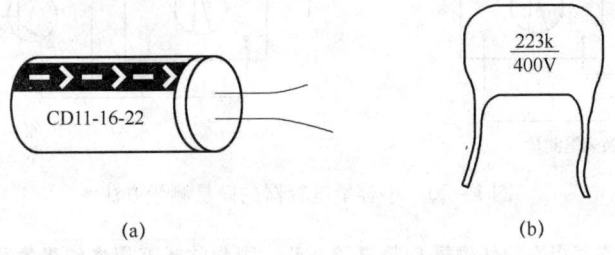

图 1-19 电容器直标法

数标法中，容量大的电容其容量值在电容上直接标明，如 10μF/16V，容量小的电容其容量值在电容上用字母表示或数字表示。

字母表示法：1m 表示 1000μF，1p2 表示 1.2pF，1n 表示 1000pF。

数字表示法：一般用三位数字表示容量大小，前两位表示有效数字，第三位数字是倍率。如：102 表示 $10 \times 10^2 \text{pF} = 1000 \text{pF}$，224 表示 $22 \times 10^4 \text{pF} = 0.22 \mu\text{F}$。在这种表示方法中有一个特殊情况，就是当第三位数字用"9"表示时，表示有效值乘上 10^{-1}，例如 229 表示 $22 \times 10^{-1} = 2.2 \text{pF}$。

注意：不同类型的电容器有不同的额定电压系列，所选电容器的耐压一般应该高于电容器两端实际电压的 1.5~2 倍。不论选用何种电容器，都不得使其额定电压低于电路实际工作电压的峰值，否则电容器会被击穿。

（二）检测电容器

1. 用 1k 或 10k 电阻挡检测小容量电容器

（1）对于容量大于 5100pF 的电容器，用万用表的欧姆挡测量电容器的两引线，数值稳定后的阻值读数就是电容器的绝缘电阻（也称漏电电阻）。假如指针式万用表的表针停在距∞较远的位置或数字式万用表显示绝缘电阻在几百千欧以下，表明电容器漏电严重，不能使用。

（2）对于容量小于 5100pF 的电容器，可以借助一个 NPN 三极管的放大作用进行测量。测量电路如图 1-20 所示。电容器接到 A、B 两端，由于晶体管的放大作用，就可以测量到电容器的绝缘电阻。判断方法同上所述。

2. 测量电解电容器时应该注意它的极性

测量时万用表内电源的正极与电容器的正极相接，电源负极与电容器负极相接，称为电容器的正接。电容器的正向连接比反向连接时的漏电电阻大。在测试中，若正向、反向均无充电的现象，即表针不动，则说明容量消失或内部断路；如果所测阻值很小或为零，说明电容漏电大或已击穿损坏，不能再使用。

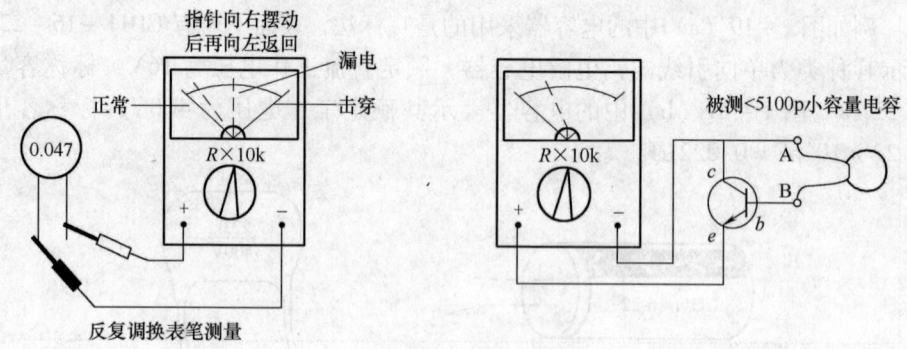

图1-20 小容量电容器的简易测量方法

注意：数字式万用表的红表笔内接电源正极，而指针式万用表的黑表笔内接电源正极。使用时必须注意极性，正极（长脚）接高电位，负极（白色色带端的短脚）接低电位，极性接反时会引起电容器爆炸。

3. 用万用表的欧姆挡来检查可变电容器的漏电或碰片短路

将万用表的两只表笔分别与可变电容器的定片和动片引出端相连，同时将电容器来回旋转几下，阻值读数应该极大且无变化。如果读数为零或某一较小的数值，说明可变电容器已发生碰片短路或漏电严重。

某些数字万用表具有测量电容的功能，其量程分为 2000pF、20nF、200nF、2μF 和 20μF 五挡。测量时可将已放电的电容两引脚直接插入表板上的 Cx 插孔，选取适当的量程后就可读取显示数据。

（四）电感器

1. 认识电感器

电感器俗称电感或电感线圈，是利用电磁感应原理制成的元件，在电路里起阻流、变压、传送信号的作用。电感器的图形符号及其等效电路见图1-21。

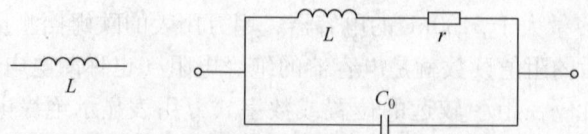

图1-21 电感器的图形符号及其等效电路

电感元件通常是由漆包线或纱包线等带有绝缘表层的导线绕制而成，少数电感元件因圈数少或性能方面的特殊要求，采用裸铜线或镀银铜线绕制。电感元件中不带磁芯或铁芯的一般称为空心电感线圈，带有磁芯的则称作磁芯线圈或铁芯线圈。各类电感器的外形及其图形符号见图1-22。

电感在电路中用"L"表示，电感的基本单位是 H（亨利），实际常用单位有 mH（毫亨）、μH（微亨）和 nH（纳亨）。一般电感器的电感量精度在 ±5% ~ ±20%。电感一般有直标法和色标法，色标法与电阻类似。如：棕、

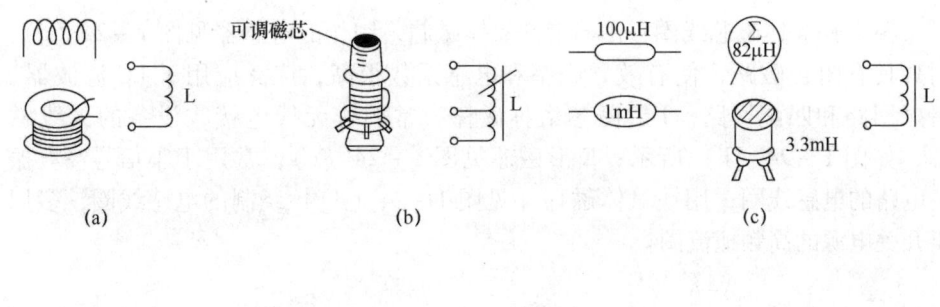

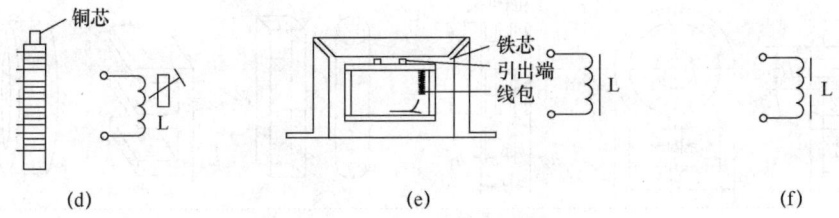

图 1-22 各类电感器的图形符号和外形
（a）空心电感 （b）带可调磁芯和线圈有抽头的电感 （c）LG 型固定电感元件
（d）铜芯线圈 （e）铁芯电感元件 （f）磁芯有间隙的电感元件

黑、金、金表示 $1\mu H$（误差 5%）的电感器。

（1）小型固定电感器：有卧式（LG1、LGX 型）和立式（LG2、LG4 型）两种。这种电感器是在磁芯上直接绕制一定匝数的漆包线或丝包线，外表裹覆环氧树脂或封装在塑料壳中。有些环氧树脂封装的固定电感器用色码标注其电感量，故也称为色码电感。小型固定电感器的电感量范围一般为 $0.1\mu H \sim 10mH$。

（2）平面电感：主要采用真空蒸发、光刻电镀及塑料包封等工艺，在陶瓷或微晶玻璃片上沉积金属导线制。

（3）中周线圈：由磁芯、磁罩、塑料骨架和金属屏蔽壳组成，线圈绕制在塑料骨架上或直接绕制在磁芯上，骨架的插脚可以焊接到印制电路板上。有些中周线圈的磁罩可以旋转调节，有些则是磁芯可以旋转调节。调整磁芯和磁罩的相对位置，能够在 ±10% 的范围内改变中周线圈的电感量。常用的中周线圈的外形结构如图 1-23 所示。中周线圈广泛应用在调幅、调频接收机，电视接收机，通信接收机等电子设备的振荡调谐回路中。

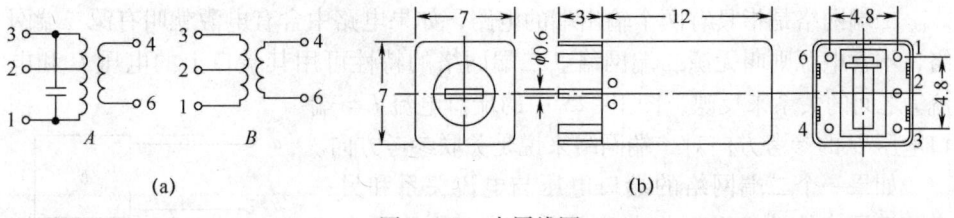

图 1-23 中周线圈
（a）接线位置 （b）外形尺寸

（4）铁氧体磁芯线圈：用罐形铁氧体磁芯，制作的电感器见图 1-24（a），因其具有闭合磁路，使有效导磁率和电感系数很高，广泛应用于 LC 滤波器、谐振回路和匹配回路。I 形磁芯俗称磁棒，常用作无线电接收设备的天线磁芯，如图 1-24（b）所示；E 形磁芯见图 1-24（c），常用于小信号高频振荡电路的电感线圈；用铁氧体磁环[见图 1-24（d）]绕制的电感线圈，多用于开关电源的高频扼流圈。

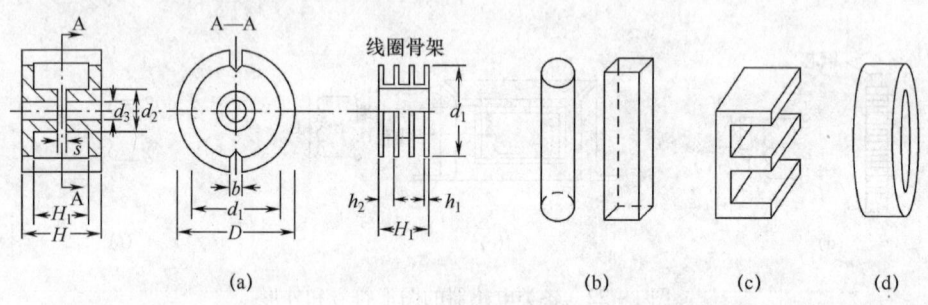

图 1-24　铁氧体磁芯
(a) 罐形磁芯　(b) I 形磁芯　(c) E 形磁芯　(d) 磁环

2. 检测电感器

使用万用表的电阻挡，测量电感器的通断及电阻值大小，通常是可以对其好坏做出鉴别判断的。将万用表置于 R×1 挡、红、黑表笔各任接电感器的任一引出端，此时指针应向右摆动，根据测出的电阻值大小，可具体分下述三种情况进行鉴别：

（1）被测电感器电阻值太小，说明电感器内部线圈有短路性故障；

（2）被测电感器有电阻值，色码电感器直流电阻值的大小与绕制电感器线圈所用的漆包线线径、绕制圈数有直接关系，线径越细，圈数越多，则电阻值越大；

（3）被测电感器的电阻值为无穷大，这种现象比较容易区分，说明电感器内部的线圈或引出端与线圈接点处发生了断路性故障。

四、电阻的串并联

二端网络是指具有两个输出端的电路，如果电路中含有电源就叫有源二端网络，不含电源则叫无源二端网络。二端网络的特性可用其端口上的电压 U 和电流 I 之间的关系来反映，图 1-25 中的端口电流 I 与端口电压 U 的参考方向对二端网络来说是关联参考方向。

如果一个二端网络的端口电压与电流关系和另一个二端网络的端口电压与电流关系相同，则这两个二端网络对同一负载（或外电路）而言是等效的，即互

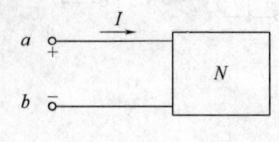

图 1-25　二端网络

为等效网络。

（一）电阻的串联

如图 1-26 所示，为几个电阻依次连接，当中无分支电路的串联电路。串联电路的特点：

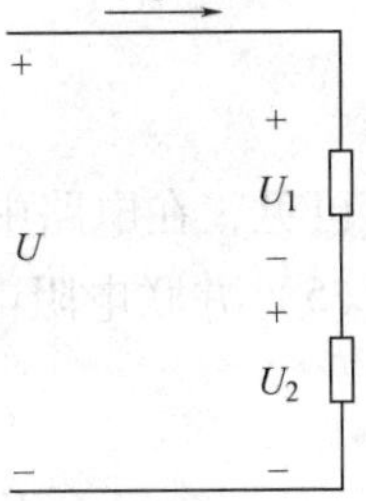

(1) 流过各电阻中的电流相等，即其等效

$$I = I_1 = I_2 \quad (1-1)$$

(2) 电路的总电压等于各电阻两端的电压之和，即

$$U = U_1 + U_2 \quad (1-2)$$

由此可得，电路取用的总功率等于各电阻取用的功率之和，即

图 1-26 电阻串联

$$IU = IU_1 + IU_2 \quad (1-3)$$

(3) 电路的总电阻等于各电阻之和，即

$$R = R_1 + R_2 \quad (1-4)$$

(4) 电路中每个电阻的端电压与电阻值成正比，即

$$U_1 = \frac{R_1}{R}U \quad U_2 = \frac{R_2}{R}U \quad (1-5)$$

(5) 串联电阻电路消耗的总功率 P 等于各串联电阻消耗的功率之和，即

$$P = \sum P_i = P_1 + P_2 + \cdots + P_n \quad (1-6)$$

串联电路的实际应用主要有：
①常用电阻的串联来增大阻值，以达到限流的目的；
②常用几个电阻的串联构成分压器，以达到同一电源能供给不同电压的需要；
③在电工测量中，应用串联电阻来扩大电压表的量程。

（二）电阻的并联

如图 1-27 所示，为几个电阻的首尾分别连接在电路中相同的两点之间的并联电路。并联电路有如下特点：

(1) 各并联电阻的端电压相等，且等于电路两端的电压，

即 $U = U_1 = U_2 \quad (1-7)$

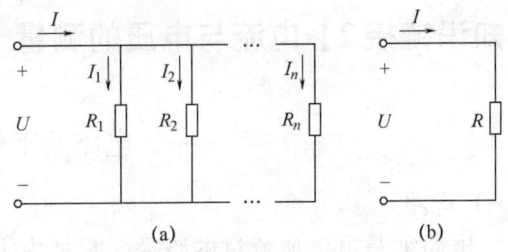

图 1-27 电阻并联及其等效电路

(2) 并联电路中的总电流等于各电阻中流过的电流之和，即

$$I = I_1 + I_2 \quad (1-8)$$

(3) 并联电路的总电阻的倒数等于各并联电阻的倒数之和，即

$$\frac{1}{R} = \frac{1}{R_1} + \frac{1}{R_2} \quad 即 R = \frac{R_1 R_2}{R_1 + R_2} \quad (1-9)$$

（4）并联电路中，流过各电阻的电流与其电阻值成反比，阻值越大的电阻分到的电流越小，各支路的分流关系为

$$I_1 = \frac{R_2}{R_1 + R_2}I \quad I_2 = \frac{R_1}{R_1 + R_2}I \qquad (1-10)$$

可见，在电路中，通过并联电阻能达到分流的目的。

（5）并联电阻电路消耗的总功率 P 等于各电阻上消耗的功率之和，即

$$P = P_1 + P_2 + \cdots + P_n = \frac{U^2}{R_1} + \frac{U^2}{R_2} + \cdots + \frac{U^2}{R_n} \qquad (1-11)$$

可见，各并联电阻消耗的功率与其电阻值成反比。并联电路的实际应用有：

（1）工作电压相同的负载都是采用并联接法。对于供电线路中的负载，一般都是并联接法，负载并联时各负载自成一个支路，如果供电电压一定，各负载工作时相互不影响，某个支路电阻值的改变，只会使本支路和供电线路的电流变化，而不影响其他支路。例如工厂中的各种电动机、电炉、电烙铁与各种照明灯都是采用并联接法，人们可以根据不同的需要起动或停止各支路的负载。

（2）利用电阻的并联来降低电阻值，例如将两个 1000Ω 的电阻并联使用，其电阻值则为 500Ω。

（3）在电工测量中，常用并联电阻的方法来扩大电流表量程。

（三）电阻的混联

在实际的电路中，经常有电阻串联和并联相结合的连接方式，这就称为电阻的混联。对于能用串、并联方法逐步化简的电路，仍称为简单电路。有些电阻电路既不是串联，也不是并联，无法用串、并联的公式等效化简，只有寻找其他的方法求解，如电阻的星形联接与三角形联接的求解。

【知识链接2】电流与电压的测量

一、电路的工作状态

（一）电路

电路就是电流所流过的路径，它是为了实现某种功能由一些电气设备或元件构成的。就其功能而言，可以分为两大类：一是实现能量的转换、传送与分配（如电力系统电路等）；二是实现信号的传送和处理（如广播电视系统）。

（二）电路模型

由于电能的传输和转换，或是信号的传递和处理，都是通过电流、电压和电动势来实现的，因此下面介绍电路的基本物理量。如图 1-28 所示。

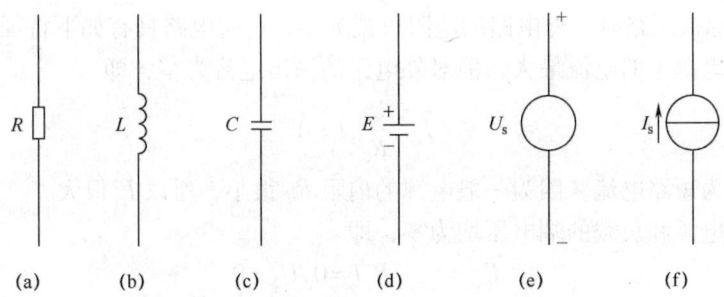

图 1-28 理想电路元件及其图形符号

(a) 电阻 (b) 电感 (c) 电容 (d) 电池 (e) 恒压源 (f) 恒流源

1. 额定工作状态

在图 1-29 所示的电路中,如果开关 S 闭合,电源则向负载 R_L 提供电流,负载 R_L 处于额定工作状态,这时电路有如下特征:

(1) 电路中的电流 I 为:

$$I = \frac{U_s}{R_0 + R_L} \tag{1-12}$$

式中,当 U_s 与 R_0 一定时,I 的值取决于 R_L 的大小。

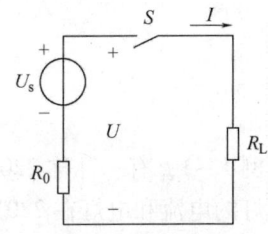

图 1-29 电路的有载与空载

(2) 电源的端电压 U_1 等于负载两端的电压 U_2(忽略线路上的压降),为:

$$U_1 = U_s - R_0 I = U_2 \tag{1-13}$$

(3) 电源输出的功率 P_1 则等于负载所消耗的功率 P_2(不计线路上的损失),为:

$$P_1 = U_1 I = (U_s - R_0 I) I = U_2 I = P_2 \tag{1-14}$$

2. 空载状态

图 1-29 所示的电路,为开关断开或连接导线折断时的开路状态,也称为空载状态。电路在空载时,外电路的电阻可视为无穷大。因此电路具有下列特征:

(1) 电路中的电流为零,即

$$I = 0 \tag{1-15}$$

(2) 电源的端电压为开路电压 U_0,并且有

$$U_1 = U_0 = U_s - R_0 I = U_s \tag{1-16}$$

(3) 电源对外电路不输出电流,因此有

$$P_1 = U_1 I = 0, P_2 = U_2 I = 0 \tag{1-17}$$

3. 短路状态

如图 1-29 所示的电路中,电源的两输出端线,因绝缘损坏或操作不当,导致两端线相接触,电源被直接短路,这就叫短路状态。

当电源被短路时,外电路的电阻可视为零,这时电路具有如下特征:

(1)电源中的电流最大,但对外电路的输出电流为零,即

$$I_s = \frac{U_s}{R_0}, I = 0 \qquad (1-18)$$

式中 I_s 称为短路电流。因为一般电源的内阻 R_0 很小,所以 I_s 很大。

(2)电源和负载的端电压均为零,即

$$U_1 = U_s - R_0 I = 0, U_2 = 0 \qquad (1-19)$$

上式表明,电源的恒定电压,全部降落在内阻上,两者的大小相等,方向相反,因此无输出电压。

(3)电源输出的功率全部消耗在内阻上,因此,电源的输出功率和负载所消耗的功率均为零,即

$$P_1 = U_1 I = 0$$
$$P_2 = U_2 I = 0$$
$$P_{U_s} = \frac{U_s^2}{R_0} = R_0 I_s^2 \qquad (1-20)$$

例 1-1:有一标称 220V、60W 的电灯,接在 220V 的直流电源上,试求通过电灯的电流和电灯在 220V 电压下工作时的电阻。如果每晚用 3h(小时),问一个月消耗电能多少?

解:
$$I = P/U = 60/220 = 0.273(\text{A})$$
$$R = U/I = 220/0.273 = 806(\Omega)$$

电阻也可用下式计算:

$$R = P/I_2 \text{ 或 } R = U_2/P。$$

一个月消耗的电能也就是所做的功为:

$$W = Pt = 60 \times 3 \times 30 = 0.06 \times 90 = 5.4(\text{kW} \cdot \text{h})$$

可见,功的单位是 kW·h,俗称"度"。常用的电度表就是测量电能的仪表。

电路中的元件,如不另加说明,都是指理想元件。分析研究电路的一项基本内容就是分析电路或元件的电压、电流及它们之间的关系。电压与电流的关系称为伏安关系或伏安特性,在直角平面上画出的曲线称为伏安特性曲线。

下面讨论电路基本元件及其伏安特性。

电阻元件的伏安特性,如图 1-30 所示,为过原点的一条直线,它表示电压与电流成正比关系,这类电阻元件称为线性电阻元件,其两端的电压与电流服从欧姆定律关系,即:

$$u = Ri \text{ 或 } i = \frac{u}{R} \qquad (1-21)$$

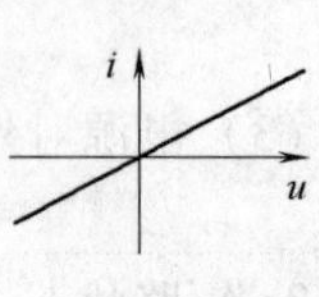

图 1-30 电阻伏安特性曲线

在直流电路中,欧姆定律可表示为:

$$I = \frac{U}{R} \text{ 或 } U = RI \qquad (1-22)$$

式中电压 U 的单位是 V，电流 I 的单位是 A，电阻 R 的单位是 Ω。常用的电阻单位还有千欧（kΩ）和兆欧（MΩ），它们之间的关系为

$$1\text{M}\Omega = 10^3 \text{k}\Omega = 10^6 \Omega$$

值得注意的是，导体的电阻不随其端电压的大小变化，是客观存在的。当温度一定时，导体的电阻与导体的长度 l 成正比，与导体的横截面积 S 成反比，还与导体的材料性质（电阻率 ρ）有关，即

$$R = \rho \frac{l}{S} \qquad (1-23)$$

式中，R 的单位是 Ω，ρ 的单位是 Ωm，l 的单位是 m，S 的单位是 m²。若令 $G = 1/R$，则 G 称为电阻元件的电导，电导的单位是西［门子］(S)。

在式（1-22）中，当电压与电流的参考方向一致时，电压为正值。反之，电压为负值。

例 1-2：有一额定值为 5W、500Ω 的线绕电阻，其额定电流为多少？在使用时电压不得超过多大的数值？

解：根据功率和电阻可以求出额定电流，即

$$I = \sqrt{\frac{P}{R}} = \sqrt{\frac{5}{500}} = 0.1(\text{A})$$

在使用时电压不得超过 $U = IR = 0.1 \times 500 = 50$（V）

因此，在选用电阻时不能只提出电阻值的大小，还要考虑电流有多大，而后提出功率。

二、电压与电动势的测量

（一）电压及参考方向

（1）定义：单位正电荷在电场力作用下，由 a 运动到 b 电场力所做的功，称为电路中 a 到 b 间的电压，即

$$u_{ab} = \frac{dW_{ab}}{dq} \qquad (1-24)$$

式中，u_{ab} 为 a 到 b 间的电压，电压的单位为伏特（V）；dW_{ab} 为 dq 的正电荷从 a 运到 b 所做的功，功的单位为焦耳（J）。

在直流时，式（1-24）可写成

$$U_{ab} = \frac{W_{ab}}{Q} \qquad (1-25)$$

（2）单位：1 千伏特（kV）= 1000 伏（V）

1 伏特（V）= 1000 毫伏（mV）

1 毫伏（mV）=1000 微伏（μV）

（3）实际方向：高电位指向低电位。

（4）参考方向：任意选定某一方向作为电压的正方向，也称参考方向。

（5）电压参考方向的表示方法。

在电路分析时，也需选取电压的参考方向，当电压的参考方向与实际方向一致时，电压为正（u>0）；相反时，电压为负（u<0）。电压的参考方向可用箭头表示，也可用正（+）、负（-）极性表示。

用万用表测量电压：

直流电压测量：将红表笔插入正极上，黑表笔插在负极上，转换右边开关旋钮至"V"位置上，左边开关旋至"V"的最大量程的位置上，再将黑表笔接低电位端、红表笔接高电位端，观察万用表指针所在位置，然后根据指针所处位置调整量程，最后得到正确的读数。读数见"～"刻度。

交流电压测量：测量方法同上，只是将左边开关旋钮旋至"V"位置上，0～500V 各量程的指示值见"～"刻度，10V 量程见"10V"专用刻度。

（二）电位

在电路中任选参考点 0，该电路中某点。到参考点 0 的电压就称为 a 点的电位。电位的单位为伏特（V），用 V 表示。电路参考点本身的电位 $V_0=0$，参考点也称为零电位点。根据定义，电位实际上就是电压，即

$$V_a = U_{a0} \tag{1-26}$$

可见，电位也可为正值或负值，某点的电位高于参考点，则为正，反之则为负。任选参考点 0，则 a、b 两点的电位分别为 $V_a = U_{a0}$、$V_b = U_{b0}$。按照做功的定义，电场力把单位正电荷从 a 点移到 b 点所做的功，等于把单位正电荷从 a 点移到 0 点，再移到 b 点所做的功的和，即

$$U_{ab} = U_{a0} + U_{0b} = U_{a0} + (-U_{b0}) = V_a - V_b \tag{1-27}$$

或

$$U_{ab} = V_a - V_b$$

式（1-27）表明，电路中 a、b 两点间的电压等于 a、b 两点的电位差，因而电压也称为电位差。

注意！同一点的电位值是随着参考点的不同而变化的，而任意两点之间的电压却与参考点的选取无关。

例 1-3：在图 1-31 所示的电路中，已知 C 点接地，$R_1 = R_2 = R_3 = 1\Omega$，$E_1 = E_2 = 2V$，$I_1 = -1A$，$I_3 = 3A$，求 V_A、V_B 的值。

解： $I_2 = I_3 - I_1 = 3 - (-1) = 4(A)$

$V_A = -I_2 R_2 + E_1 + I_1 R_1$

$\quad = -4 \times 1 + 2 + (-1) \times 1 = -3(V)$

$V_B = -E_2 + I_3 R_3 + E_1 + I_1 R_1$

$\quad = -2 + 3 \times 1 + 2 + (-1) \times 1 = 2(V)$

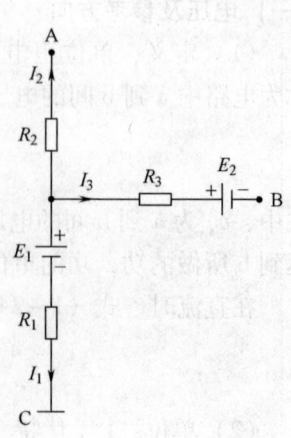

图 1-31 例 1-3 的电路图

三、电 流 测 量

(一) 电流及参考方向

电流是一种物理现象,是带电粒子有规则的定向运动形成的,通常将正电荷移动的方向规定为电流正方向。电流的大小用电流强度来衡量,其数值等于单位时间内通过导体某一横截面的电荷量。根据定义有

$$i = \frac{dq}{dt} \qquad (1-28)$$

式中,i 为电流,其单位为安培(A);dq 为通过导体截面的电荷量,电荷量的单位为库仑(C);dt 为时间(s)。

上式表明,在一般情况下,电流是随时间变化的。如果电流不随时间而变化,即 dq/dt = 常数,则这种电流就称为恒定电流(简称直流)。直流时,不随时间变化的物理量用大写字母表示,式(1-28)可写成

$$I = \frac{Q}{t} \qquad (1-29)$$

电流的方向是客观存在的,但在电路分析中,一些较为复杂的电路,有时某段电流的实际方向难以判断,甚至有时电流的实际方向还在随时间不断改变,于是要在电路中标出电流的实际方向较为困难。为了解决这一问题,在电路分析时,常采用电流的"参考方向"这一概念。电流的参考方向可以任意选定,在电路图中用箭头表示。当然,所选的参考方向不一定就是电流的实际方向。当参考方向与电流的实际方向一致时,电流为正值($i > 0$);当参考方向与电流的实际方向相反时,电流为负值($i < 0$)。这样,在选定的参考方向下,根据电流的正负,就可以确定电流的实际方向。在分析电路时,先假定电流的参考方向,并以此去分析计算,最后用求得答案的正负值来确定电流的实际方向。

万用表测量直流电流:将左旋钮旋到"A"位置上,右旋钮旋至最大的电流量程位置上,然后将表笔串联至被测电路中,再根据指针的偏转程度选择电流量程,最后得所测电流的正确值。指示值见"~"刻度。

【知识链接3】基尔霍夫定律

用串并联的方法能够最终化为单一回路的简单电路,可以用欧姆定律来求解。用串并联的方法,不能将电路最终化为单一回路的复杂电路,其求解规律,反映在基尔霍夫定律中。基尔霍夫定律是电路的基本定律之一,它包含有两条定律,分别称为基尔霍夫电流定律(KCL)和基尔霍夫电压定律(KVL)。在基尔霍夫定律中,常要用到如下几个电路名词:

支路:在电路中通过同一电流的分支电路叫做支路。如图 1-32 的电路中,

有三条支路，分别是 I_1、I_2 和 I_L 流过的支路。

节点：有三条或三条以上支路的连接点叫做节点。如图 1-32 的电路中，有 b、e 两个节点。回路：闭合的电路叫做回路。回路可由一条或多条支路组成，但是只含一个闭合回路的电路叫网孔。如图 1-32 的电路中，有 abcdef、abef 和 bcde 三个回路，两个网孔，即 abef 和 bcde。

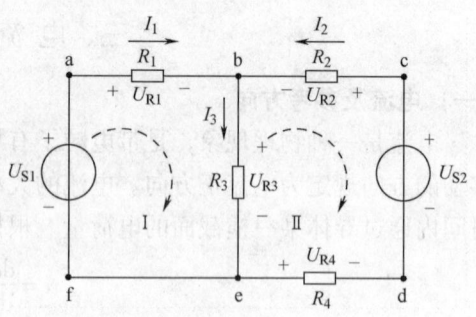

图 1-32 支路

一、基尔霍夫电流定律 KCL

根据电流连续性原理，在电路中任一时刻，流入节点的电流之和等于流出该节点的电流之和，节点上电流的代数和恒等于零，即

$$\sum I_i = \sum I_0 \text{ 或 } \sum I = 0 \qquad (1-30)$$

这一关系叫节点电流方程，是基尔霍夫电流定律（KCL），也称为基尔霍夫第一定律。该定律的应用可以由节点扩展到任一假设的闭合面。在应用 KCL 时，必须先假定各支路电流的参考方向，再列电流方程求解，根据计算结果，确定电流的实际方向。如果指定流入节点的电流为正（或负），则流出节点的电流为负（或正）。

例 1-4：图 1-33 所示的闭合面包围的是一个三角形电路，它有三个节点。求流入闭合面的电流 I_A、I_B、I_C 之和是多少？

解：应用基尔霍夫电流定律可列出：

$$I_A = I_{AB} - I_{CA}$$
$$I_B = I_{BC} - I_{AB}$$
$$I_C = I_{CA} - I_{BC}$$

上列三式相加可得：

$$I_A + I_B + I_C = 0$$

或

$$\sum I = 0$$

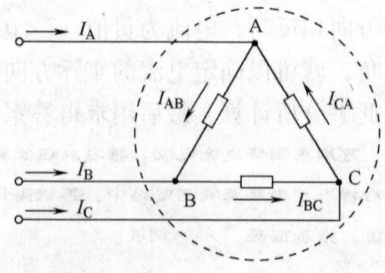

图 1-33 基尔霍夫电流定律应用于闭合面

可见，在任一瞬时，通过任一闭合面的电流的代数和也恒等于零。

例 1-5：一个晶体三极管有三个电极，各极电流的方向如图 1-34 所示。各极电流关系如何？

解：晶体管可看成一个闭合面，则：$I_E = I_B + I_C$

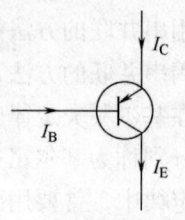

图 1-34 晶体管电流流向图

二、基尔霍夫电压定律 KVL

根据电位的单值性原理,在电路中任一瞬时,沿回路方向绕行一周,闭合回路内各段电压的代数和恒等于零,即回路中电动势的代数和恒等于电阻上电压降的代数和,其数学式为

$$\sum U = 0 \text{ 或 } \sum U_s = \sum RI \qquad (1-31)$$

这一关系叫回路电压方程,是基尔霍夫电压定律(KVL),也称为基尔霍夫第二定律。该定律的应用可以由闭合回路扩展到任一不闭合的电路上,但必须将开口处的电压列入方程中。在应用 KVL 时,必须先假定闭合回路中各电路元件的电压参考方向和回路的绕行方向,当两者的假定方向一致时,电压取"+"号;反之则电压取"-"号。

以图 1-35 所示的回路 adbca 为例,图中电源电动势、电流和各段电压的正方向均已标出。按照虚线所示方向循行一周,根据电压的正方向可列出:

$$U_1 + U_4 = U_2 + U_3$$

或将上式改写为:

$$U_1 - U_2 - U_3 + U_4 = 0$$

即

$$\sum U = 0 \qquad (1-32)$$

图 1-35 所示的 adbca 回路是由电源电动势和电阻构成的,上式可改写为:

$$E_1 - E_2 - I_1R_1 + I_2R_2 = 0$$

或

$$E_1 - E_2 = I_1R_1 - I_2R_2$$

即

$$\sum E = \sum (IR)$$

基尔霍夫电压定律还可以推广应用到图 1-36 这样的电路中。

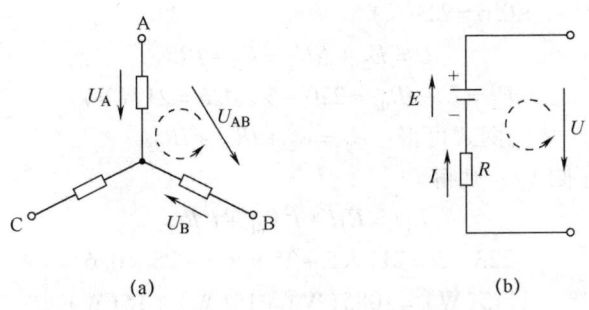

图 1-36 基尔霍夫电压定律的推广应用

对图 1-36（a）所示电路（各支路的元件是任意的）可列出

$$\sum U = U_{AB} - U_A + U_B = 0$$

或

$$U_{AB} = U_A - U_B \tag{1-33}$$

对图 1-36（b）的电路可列

$$U = E - IR \tag{1-34}$$

列电路的电压与电流关系方程时，不论是应用基尔霍夫定律或欧姆定律，首先都要在电路图上标出电流、电压或电动势的正方向。

例 1-6：在图 1-37 所示电路中，已知 $U_1 = 10\text{V}$，$E_1 = 4\text{V}$，$E_2 = 2\text{V}$，$R_1 = 4\Omega$，$R_2 = 2\Omega$，$R_3 = 5\Omega$，1、2 两点间处于开路状态，试计算开路电压 U_2。

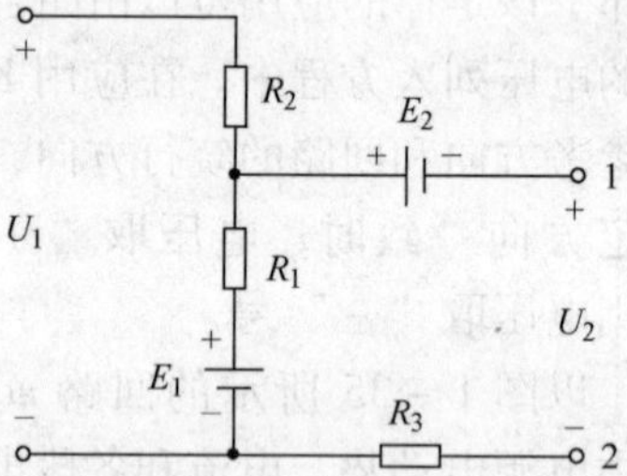

解：对左回路应用基尔霍夫电压定律列出：

$$E_1 = I(R_1 + R_2) + U_1$$

得 $I = \dfrac{E_1 - U_1}{R_1 + R_2} = \dfrac{4 - 10}{4 + 2} = -1(\text{A})$

图 1-37 例 1-6 的电路图

再对右回路列出： $E_1 - E_2 = IR_1 + U_2$

得 $U_2 = E_1 - E_2 - IR_1 = 4 - 2 - (-1) \times 4 = 6(\text{V})$

例 1-7：在图 1-38 所示的电路中，$U = 220\text{V}$，$I = 5\text{A}$，内阻 $R_{01} = R_{02} = 0.6\Omega$。（1）试求电源的电动势 E_1 和负载的反电动势 E_2；（2）试说明功率的平衡。

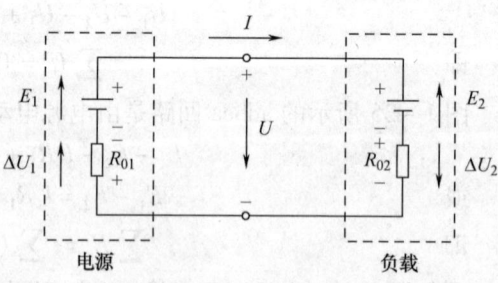

图 1-38 例 1-7 的电路图

解：

（1）电源

$$U = E_1 - \Delta U_1 = E_1 - IR_{01}$$

$E_1 = U + IR_{01} = 220 + 5 \times 0.6 = 223(\text{V})$

负载 $U = E_2 + \Delta U_2 = E_2 + IR_{02}$

$$E_2 = U - IR_{02} = 220 - 5 \times 0.6 = 217(\text{V})$$

（2）由（1）中的两式可得：$E_1 = E_2 + IR_{01} + IR_{02}$

等号两边同乘以 I，则得

$$E_1 I = E_2 I + I^2 R_{01} + I^2 R_{02}$$

$$223 \times 5 = 217 \times 5 + 25 \times 0.6 + 25 \times 0.6$$

$$1115(\text{W}) = 1085(\text{W}) + 15(\text{W}) + 15(\text{W})$$

其中，有 $E_1 I = 1115\text{W}$，是电源 E_1 输出的功率，即在单位时间内由机械能或其他形式的能量转换成的电能的值；

$E_2 I = 1085$（W），是负载吸收的功率，即在单位时间内由电能转换成的机械能（负载是电动机）或化学能（负载是充电时的蓄电池）的值；

$I^2 R_{01} = 15$（W），是电源内阻上损耗的功率；

$I^2 R_{02} = 15$（W），是负载内阻上损耗的功率。

因此，电源产生的功率等于负载消耗的功率与内阻损耗的功率之和，即电路中的功率是平衡的。

【知识链接4】电压源与电流源的等效变换

一、电压源和电流源的定义

（一）电压源

用一个恒定电压源 U_s 与内阻 R_0 串联表示的电源系统称为电压源。电压源的模型如图1-39所示。大多数电源，如干电池、蓄电池、发电机等都可以等效为这样的模型。

当电压源向负载 R 输出电压时，端电压 U 与输出电流之间的关系为：

$$U = U_s - IR \tag{1-35}$$

（二）电流源

用一个恒定电流源 I_S 与内阻 R_s 并联表示的电源系统称为电流源。电流源的模型如图1-40所示。实际中的稳流电源、光电池、直流发电机等均可看作是电流源。

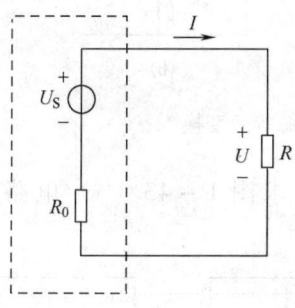
图1-39 实际电压源模型

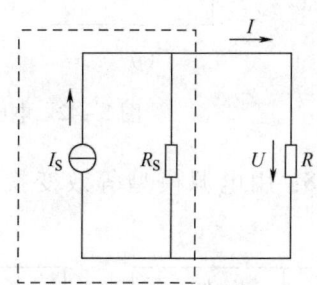
图1-40 实际电流源模型

当电流源向负载 R 输出电流时，电流源的端电压 U 与输出电流 I 的关系为：

$$Is = I + U/R_s \tag{1-36}$$

二、电路等效变换的概念

电路的等效变换，就是保持电路一部分电压、电流不变，而对其余部分进行适当的结构变化，用新电路结构代替原电路中被变换的部分电路。

如图 1-41 所示两电路，若 $R = \dfrac{R_1 R_2}{R_1 + R_2}$，则两电路相互等效，可以进行等效变换。变换后，若两电路加相同的电压，则电流也相同。

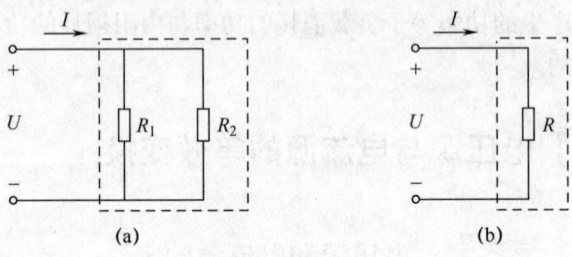

图 1-41　电路等效变换

三、电压源与电流源的等效变换

电压源与电流源对外电路等效（图 1-42）的条件为：

$$U_s = I_s R_0 \quad 或 \quad I_s = \dfrac{U_s}{R_0} \qquad (1-37)$$

且两种电源模型的内阻相等。

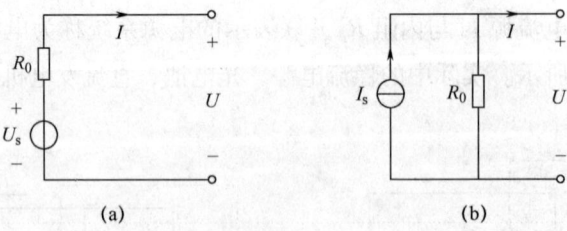

图 1-42　电压源电流源等效变换

例 1-8：用电源模型等效变换的方法求图 1-43（a）电路的电流 I_1 和 I_2。

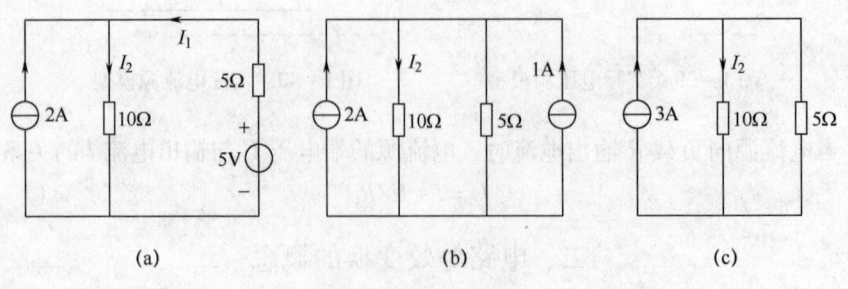

图 1-43　例 1-8 图

解：将原电路图 1-43（a）变换为图 1-43（c）电路，由此可得：

$$I_2 = \frac{5}{10+5} \times 3 = 1(\text{A})$$

$$I_1 = I_2 - 2 = 1 - 2 = -1(\text{A})$$

【知识链接 5】戴维南定律及其应用

在实际问题中，往往有这样的情况：对于一个复杂电路，并不需要把所有的支路电流都求出来，而只是求某一支路的电流，在这种情况下，利用支路电流法或叠加法来计算就显得不够简便了。戴维南定律为我们解决上述问题提供了理论基础。

一、戴维南定律

任何一个有源两端线性网络在电路中的作用，均可以用一个等效电源来代替，该电源的电动势 E 等于有源两端网络的开路电压 U_0，该电源的内阻 r 等于网络中各电源短接时两出线端间的等效电阻 R_0，这就是戴维南定律（图 1-44）。

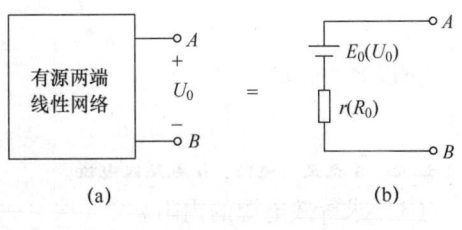

图 1-44 戴维南定律
(a) 有源两端线性网络 (b) 等效电源

二、戴维南等效电源法

已知线性电路中的电动势和电阻，根据戴维南定律，求复杂直流电路中某一支路电流或电压的方法，称为戴维南等效电源法。等效电源法的解题步骤，用以下例题加以说明。

例 1-9：在图 1-45 所示电路中，已知 $E_1 = 120\text{V}$，$E_2 = 130\text{V}$，$R_1 = 10\Omega$，$R_2 = 2\Omega$，$R_3 = 10\Omega$，利用戴维南等效电源法求通过 R_3 的电流 I_3。

解：(1) 将电路自 a、b 两点处断开，R_3 所在支路称为待求支路，其余部分就成了有源两端网络，该网络对于 R_3 的作用，可用一个等效电源来代替。

(2) 求等效电源的电动势 E

根据戴维南定律可知，等效电源的电动势 E 等于两端网络的开路电压 U_0。

①求回路 $E_1 E_2 R_2 R_1 E_1$ 中的电流 I_0。假设 I 的方向如图所示。

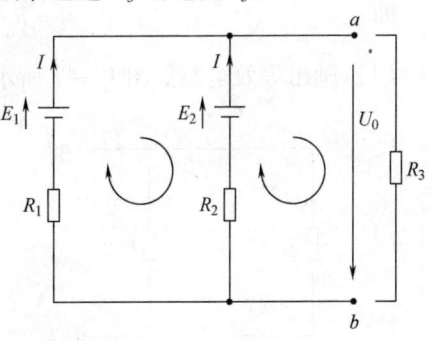

图 1-45 等效电源法实例

对于回路 $E_1E_2R_2R_1E_1$，KVL 方程为：
$$E_1 - E_2 = IR_1 + IR_2$$
$$= I(R_1 + R_2)$$
$$I = \frac{E_1 - E_2}{R_1 - R_2}$$

故
$$= \frac{120 - 130}{1 + 2}$$
$$= -\frac{5}{6}(\text{A})$$

负号表明 I 的实际方向与题设方向相反。在以后的计算中请注意这一点。

②计算有源两端网络的开路电压 U_0
$$U_0 = U_{ab}$$

对于假想回路 $U_{ab}R_2E_2U_{ab}$，KVL 方程为
$$E_2 = U_{ab} - IR_2$$
$$U_{ab} = E_2 + IR_2$$

所以
$$= 130 - 5/6 \times 2$$
$$= 385/3(\text{V})$$

注意：a 点是高电位，b 点是低电位。

(3) 求等效电源的内阻 r

根据戴维南定律，可知等效电源的内阻等于有源两端网络中各电源短接时 a、b 端之间的总电阻 R_0。这样，本例的 R_0 就可依图 1-46 求得。

$$R_0 = \frac{R_1R_2}{R_1 + R_2}$$
$$= \frac{10 \times 2}{10 + 2}$$
$$= \frac{5}{3}(\Omega)$$

即
$$r = R_0 = \frac{5}{3}(\Omega)$$

(4) 画出等效电路如图 1-47 所示，求 I_3。

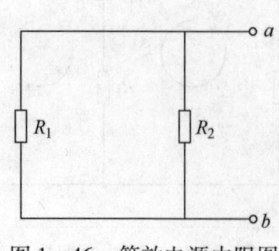

图 1-46 等效电源内阻图

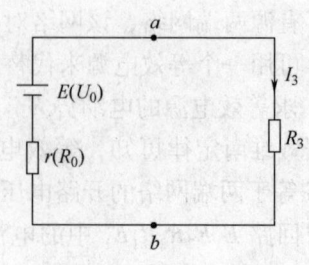

图 1-47 等效电路图

根据等效电路图可见：

$$I_3 = \frac{E}{r+R_3} = \frac{\frac{385}{3}}{\frac{5}{3}+10} = 11(\text{A})$$

在求等效电源内阻时，常因电源的短接而将各电阻的联结关系变得扑朔迷离，给计算带来难度。下面介绍一种简单易行的方法：首先，将电阻联结图中各交点依次编号，如1、2、3……注意同一条导线联结的各点，必须用同一号。其次，画一直线，并在其上依次标出各点号。最后，将各电阻对号入座，那么，各电阻的联结方式就一目了然了。

在利用戴维南等效电源法解题时，应注意以下几点：

（1）等效电源法只适用于线性电路。

（2）在求等效电源电动势时，必须将有源网络的两出线端断开，求其开路电压，并注意此电压的极性，其高电位端就是等效电源的正极，其低电位端就是等效电源的负极。在画等效电路图时，尤其要注意这一点。

（3）在求等效电源的内阻时，一定要把有源网络中的所有电源的正负极短接。若电源有内阻时，在短接时应将内阻保留。

习 题 一

1.1 用模拟万用表测量电阻时，是不是每次测量都要欧姆调零？为什么？

1.2 模拟表和数字表在测量直流电压时红黑表笔的极性是否一样？为什么？

1.3 一个色环为"红黑橙金金"的电阻，阻值是多少？

1.4 图1-48中的电路，300V电源不稳定，设它突然升高到360V，求：O点电位有多大的变化？

1.5 一个标有"105"的瓷片电容是多大？

1.6 基尔霍夫定律可以用于交流电路吗？

1.7 图1-49中的电路，已知 $U_1 = 5\text{V}$，$U_3 = 3\text{V}$，$I = 2\text{A}$，求 U_2、I_2、R_1、R_2 和 U_S。

1.8 图1-50中的电路，已知 $U_{S1} = 12\text{V}$，$U_{S2} = 3\text{V}$，$R_1 = 3\Omega$，$R_2 = 9\Omega$，$R_3 = 10\Omega$，求 U_{ab}。

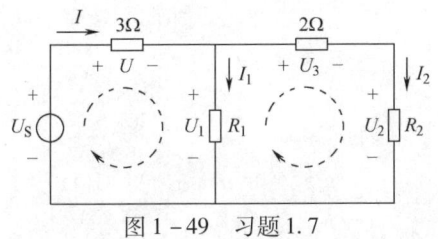

图1-49 习题1.7

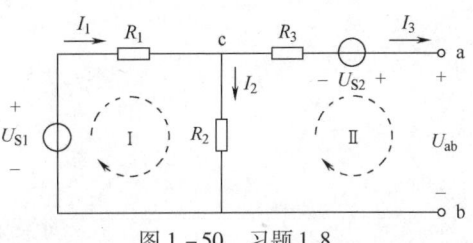

图1-50 习题1.8

1.9 求图1-51中各元件的功率。

1.10 图1-52所示的电路可用来测量电源的电动势 E 和内阻 R_0。图中，$R_1=2.6\Omega$，$R_2=5.5\Omega$。当开关 S_1 闭合、S_2 断开时，安培计读数为2A；当开关 S_1 断开、S_2 闭合时，安培计读数为1A。试求 E 和 R_0。

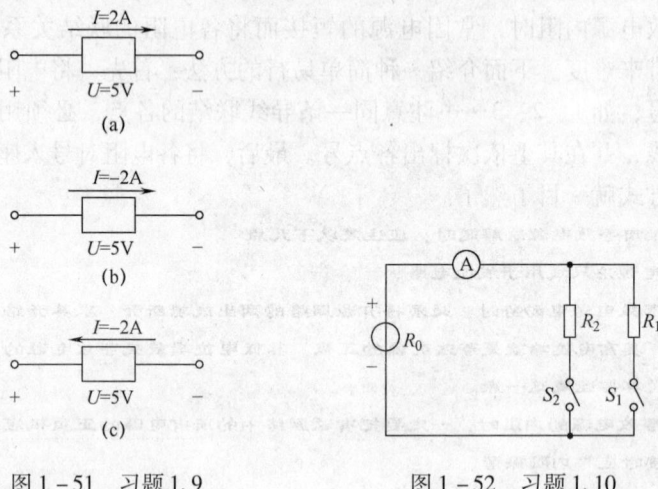

图1-51 习题1.9　　　图1-52 习题1.10

1.11 在如图1-53所示电路中，$R_1=R_2=R_3=R_4=R_5=12\Omega$，分别求S断开和S闭合时AB间等效电阻 R_{AB}。

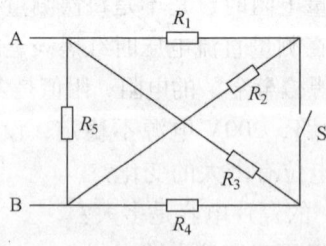

图1-53 习题1.11

学习情境二 家居照明电气设计和安装

学习目标：
（1）能设计二室一厅的家居照明电路；
（2）熟练掌握二室一厅的家居电路的安装方法及施工标准；
（3）能根据电路故障现象，解决家居电路中常见的问题。

子情境一 带单相电度表的日光灯安装接线及白炽灯的异地控制线路安装

能力目标：
（1）能使用常用电工工具；
（2）能恢复导线的绝缘；
（3）能完成日光灯的安装。

知识目标：
（1）掌握正弦交流电的三种表达方式；
（2）熟悉日光灯、单相电度表工作原理；
（3）了解电脑程序控制器开关的工作特点。

【训练项目1】带单相电度表的日光灯安装接线

一、项目目标

（1）会使用电工工具；
（2）能恢复导线的绝缘；
（3）会使用万用表测量电压；
（4）掌握基本的安全常识。

二、项目要求

(1) 认识常用电工工具并能掌握其使用方法;
(2) 掌握导线连接的基本方法;
(3) 掌握日光灯的接线;
(4) 能正确完成电度表的接线。

三、项目实训仪器、设备及实训材料

(1) 指针式万用表（MF47）或数字式万用表各1个;
(2) 电工实验台各1台;
(3) 电工常用工具1套/组;
(4) 日光灯1套（含光管架）/组;
(5) 单相电度表（DD862）1个/组;
(6) 连接导线若干。

四、项目实训内容与步骤

任务1 常用导线连接训练

导线绝缘层的剥削,单股铜芯导线T字分支连接,7股铜芯导线的直接连接及T形连接。

任务2 按图2-1要求完成带单相电度表的日光灯安装接线

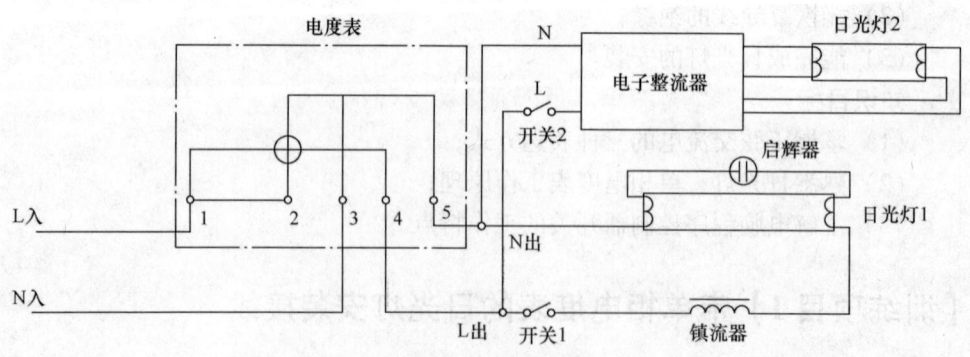

图2-1 带单相电度表的日光灯安装接线图

(1) 启辉器座上的两个接线柱分别与两个灯座的一个接线柱连接。
(2) 一个灯座中余下的另一个接线柱与电源的中性线相连接,另一灯座中余下的另一接线柱与镇流器的一个接头连接。
(3) 镇流器另一个接头与开关的一个接线柱连接,而开关另一个接线柱与电源相线连接。

(4) 检查后试通电。

五、思考与分析

(1) 简述单相电度表的结构和工作原理。
(2) 如何判断日光灯质量的好坏?
(3) 常用的日光灯有哪些类型,规格有哪些?
(4) 常用的电度表有哪些?其型号、规格是什么?

【知识链接1】电工工具的使用

一、常用通用电工工具的使用

(一) 试电笔

低压验电器又称低压试电笔,是检验导线、电器是否带电的一种常用工具,检测范围为 50~500V,有钢笔式、旋具式和组合式多种。

低压验电器由笔尖金属体、降压电阻、氖管、笔身、视窗、弹簧、笔尾金属体等部分组成,如图 2-2 所示。

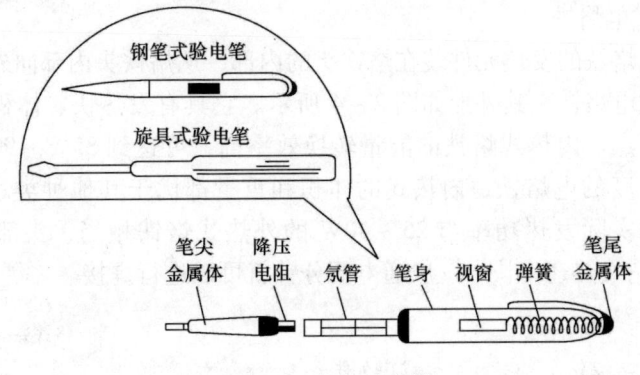

图 2-2 低压验电器

使用低压验电器时,手指必须接触笔尾金属体。这样,只要带电体与大地之间的电位差超过 50V 时,验电器中的氖管就会发光。

低压验电器的使用方法和注意事项如下:

(1) 使用前,先要在有电的导体上检查验电器能否正常发光,检验其可靠性。
(2) 在明亮的光线下往往不容易看清氖管的辉光,应注意避光。
(3) 有些验电器的笔尖金属体虽与螺丝刀头部形状相同,它只能承受很小的扭矩,不能像螺丝刀那样使用,否则会损坏。

(4) 低压验电器可用来区分相线和中线，氖管发亮的是相线，不亮的是中线。低压验电器也可用来判别接地故障。如果在三相四线制电路中发生单相接地故障，用低压验电器测试中线时，氖管会发亮；在三相三线制线路中，用低压验电器测试三根相线，如果两相很亮，另一相不亮，则这相可能有接地故障。

(5) 低压验电器可用来判断电压的高低。氖管越暗，则表明电压越低；氖管越亮，则表明电压越高。

（二）电烙铁

电烙铁是手工焊接的基本工具，主要由铜制烙铁头和烙铁芯两部分组成。烙铁芯用电热丝绕成直接接220V市电，用于加热烙铁头，烙铁头则沾上溶化的焊锡焊接电路板上的元件。

常用的电烙铁有内热式电烙铁、外热式电烙铁、恒温电烙铁、吸锡电烙铁等多种类型。

1. 外热式电烙铁

外热式烙铁的发热元件包在烙铁头外面，因此体积比较大，热效率低通电以后烙铁头化锡时间长达几分钟。有直立式、Γ形等不同形式，其中最常用的是直立式，外形和结构见图2-3。

2. 内热式电烙铁

内热式电烙铁的发热元件装在烙铁头的内部，从烙铁头内部向外传热，所以被称为内热式电烙铁，其外形如图2-4所示。它具有发热快、体积小、重量轻和耗电低等特点。内热式烙铁的能量转换效率高，可达到85%~90%以上。同样发热量和温度的电烙铁，内热式的体积和重量都优于其他种类。例如，20W内热式烙铁的实际发热功率与25~40W的外热式烙铁相当，头部温度可达到350℃左右；它发热速度快，一般通电两分钟就可以进行焊接。

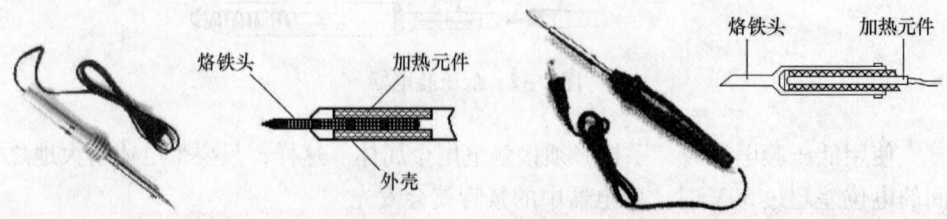

图2-3 外热式电烙铁的外形与结构　　图2-4 内热式电烙铁的外形与结构

电烙铁从容量上分有20W、25W、35W、45W、75W、100W以至500W等多种规格。一般来说，电烙铁的功率越大，烙铁头的温度就越高。电烙铁头的工作温度如表2-1所示。焊接集成电路、印制电路板、CMOS电路一般选用20W内热式电烙铁。注意，使用烙铁功率过大，容易烫坏元器件或使印刷导线从基板上脱落；使用的烙铁功率太小，焊锡不能充分熔化，焊剂不能挥发出来，焊点不光滑，不牢固，易产生虚焊。

表 2 – 1　　　　　　　　　　　电烙铁头的工作温度

烙铁功率/W	20	25	45	75	100
端头温度/℃	350	400	420	440	455

3. 恒温电烙铁

恒温电烙铁的温度能自动调节，保持恒定。根据控制方式不同，分为电控恒温电烙铁和磁控恒温电烙铁两种。恒温电烙铁采用断续加热，故比普通电烙铁节电 1/2 左右，且升温速度快。由于烙铁头始终保持恒温，在焊接过程中焊锡不易氧化，可减少虚焊，提高焊接质量。

图 2 – 5　恒温电烙铁
(a) 手持式恒温式电烙铁　(b) 台式恒温电烙铁

如果有条件，选用恒温式电烙铁是比较理想的。对于一般科研、生产，可以根据不同焊接对象选择不同功率的普通电烙铁，通常就能够满足需要。表 2 – 2 提供了选择烙铁的依据，可供参考。

表 2 – 2　　　　　　　　　　　选择烙铁的依据

焊接对象及工作性质	烙铁头温度/℃ （室温、220V 电压）	选用烙铁
一般印制电路板、安装导线	300 ~ 400	20W 内热式、30W 外热式、恒温式
集成电路	300 ~ 400	20W 内热式、恒温式
焊片、电位器、2 ~ 8W 电阻、大电解电容器、大功率管	350 ~ 450	35 ~ 50W 内热式、恒温式、50 ~ 75W 外热式
8W 以上大电阻、φ2mm 以上导线	400 ~ 550	100W 内热式、150 ~ 200W 外热式
汇流排、金属板等	500 ~ 630	300W 外热式
维修、调试一般电子产品		20W 内热式、恒温式、感应式、储能式、两用式

电烙铁拿法有三种，如图 2 – 6 所示。反握法动作稳定，长时间操作不宜疲劳，适于大功率烙铁的操作。正握法适于中等功率烙铁或带弯头电烙铁的操作。

在操作台上焊印制板等焊件时多采用握笔法。

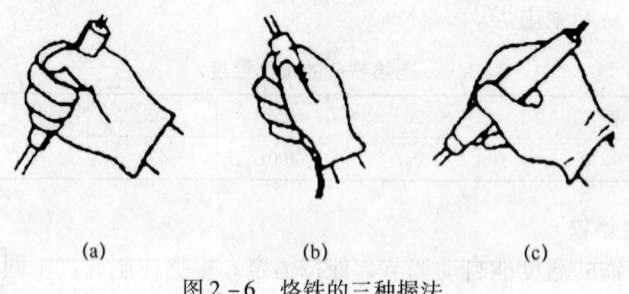

图2-6 烙铁的三种握法
(a) 反握法 (b) 正握法 (c) 握笔法

焊锡丝一般有两种拿法,如图2-7所示。由于焊丝成分中,铅占一定比例,因此操作时应戴手套或操作后洗手,避免食入。

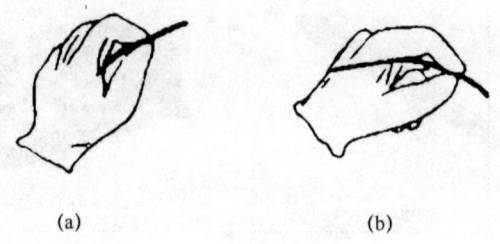

图2-7 焊锡丝的拿法
(a) 连续焊接时焊锡丝的拿法 (b) 断续焊接时焊锡丝的拿法

使用电烙铁应当注意:

(1) 电烙铁初次使用时,应给电烙铁头挂锡,以便今后使用沾锡焊接。挂锡的方法是:通电之前,先用砂纸或小刀将烙铁头端面清理干净;通电以后,待烙铁头温度升到一定程度时,将焊锡放在烙铁头上溶化,使烙铁头端面挂上一层锡。挂锡后的烙铁头,随时都可以用来焊接。

(2) 用电烙铁焊接时,必须有焊锡条做焊料,还应该备有助焊剂。助焊剂可以清洁焊接物表面和清除溶锡中的杂质,提高焊接质量。常用的助焊剂有松香和焊锡膏。焊锡丝里带有松香,故俗称松香芯焊锡条。

(3) 使用电烙铁是属于强电操作,一定要注意安全用电。任何电烙铁都必须有三个接线端,其中两个与烙铁芯相接,用于连接220V交流电源,另一个与烙铁外壳相连是接地保护端子,用以连接地线,为了安全起见,使用前最好用万用表鉴别一下烙铁芯是否断线或者混线。一般20~30W的电烙铁的烙铁芯电阻为1500~2500Ω。

(三) 电工刀与各类钳子

1. 电工刀

电工刀是用来剖削和切割电工器材的常用工具,如图2-8所示。

电工刀的刀口磨制成单面呈圆弧状的刃口,刀刃部分锋利一些。在剥削电线绝缘层时,可把刀略微向内倾斜,用刀刃的圆角抵住线芯,刀口向外推出。这样既不易削伤线芯,又防止操作者受伤。切忌把刀刃垂直对着导线切割绝缘,以免削伤线芯。严禁在带电体上使用没有绝缘柄的电工刀进行操作。

2. 剥线钳

剥线钳用来剥削直径 3mm 及以下绝缘导线的塑料或橡胶绝缘层,如图 2-9 所示。它由钳口和钳柄两部分组成。剥线钳钳口分有 0.5~3mm 的多个直径切口,用于不同规格线芯的剥削。使用时应使切口与被剥削导线芯线直径相匹配,切口过大难以剥离绝缘层,切口过小会切断芯线。剥线钳钳柄也装有绝缘套管。

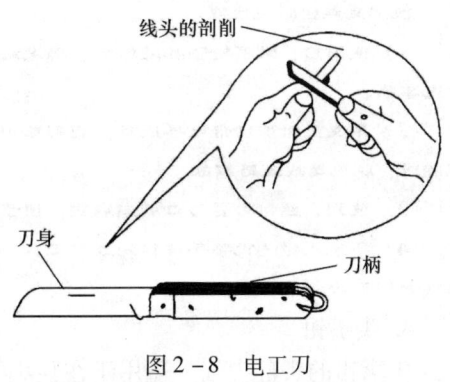

图 2-8 电工刀

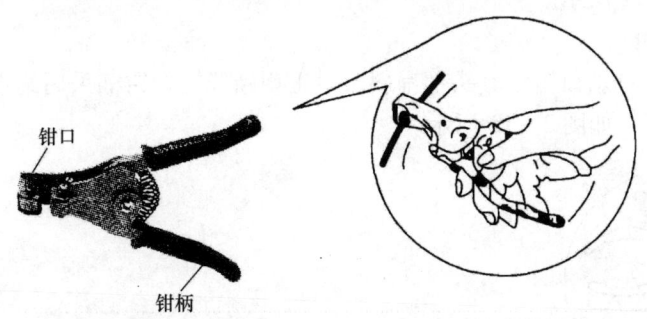

图 2-9 剥线钳

3. 克丝钳

克丝钳又称钢丝钳、老虎钳,是电工应用最频繁的工具。电工克丝钳由钳头、钳柄和绝缘套管三部分组成,如图 2-10 所示。钳头包括钳口、齿口、切口、铡口四部分。其中钳口可用来钳夹和弯绞导线;齿口可代替扳手来拧小型螺母;切口可用来剪切电线、掀拔铁钉;铡口可用来铡切钢丝等硬金属丝。

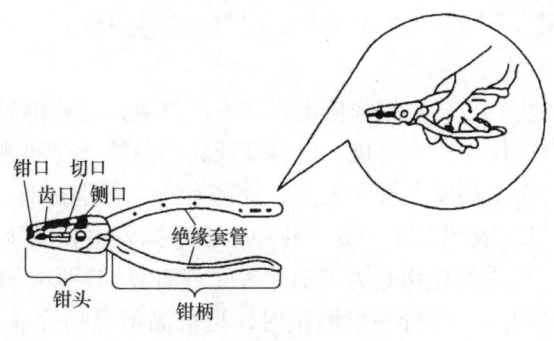

图 2-10 克丝钳

使用克丝钳时应注意：

（1）使用前，必须检查其绝缘柄，确定绝缘状况良好，否则，不得带电操作，以免发生触电事故。

（2）用克丝钳剪切带电导线时，必须单根进行，不得用刀口同时剪切相线和零线或者两根相线，以免造成短路事故。

（3）使用克丝钳时要刀口朝向内侧，便于控制剪切部位。

（4）不能用钳头代替手锤作为敲打工具，以免变形。钳头的轴销应经常加机油润滑，保证其开闭灵活。

4. 尖嘴钳

尖嘴钳的头部尖细，适用于在狭小的空间操作，钳头用于夹持较小螺钉、垫圈、导线和把导线端头弯曲成所需形状；小刀口用于剪断细小的导线、金属丝等，如图2-11所示。

5. 断线钳

断线钳又称斜口钳，其头部扁斜，电工用断线钳的钳柄采用绝缘柄，其耐压等级为1000V，如图2-12所示。

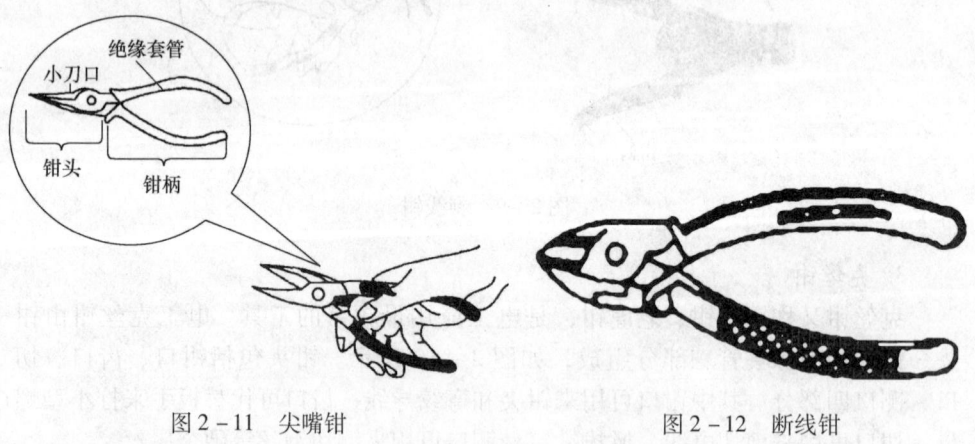

图2-11 尖嘴钳　　　　　　图2-12 断线钳

断线钳专门用来剪断较粗的金属丝、线材及电线电缆等。

（四）兆欧表

兆欧表俗称摇表，是测量绝缘体电阻的专用仪表，主要由磁电式流比计与手摇直流发电机组成。用于检查电机、电器及线路的绝缘情况和测量高值电阻。

它的内部有一个手摇发电机和表头，外部有三个分别标有"G（屏蔽端）"、"L（线路端）"、"E（接地端）"接线柱和一个手摇发电机的手柄。被测的电阻接在L和E之间，G端的作用是为了消除表壳表面L、E两端间的漏电和被测绝缘物表面漏电的影响。在进行一般测量时，把被测绝缘物接在L、E之间即可。但测量表面不干净或潮湿的对象时，为了准确地测出绝缘材料内部的绝缘电阻，就必须使用G端。图2-13所示为兆欧表外形图。

兆欧表的选用原则：

（1）额定电压等级的选择。兆欧表的电压等级就是内部手摇发电机的额定电压。一般情况下，额定电压在500V以下的设备，选用500V或1000V的兆欧表；额定电压在500V以上的设备，选用1000~2500V的兆欧表。

（2）电阻量程范围的选择。如图2-14所示，兆欧表的表盘刻度线上有两个小黑点，小黑点之间的区域为准确测量区域。所以在选表时应注意使所需测量的绝缘电阻值在准确测量区域的范围内。

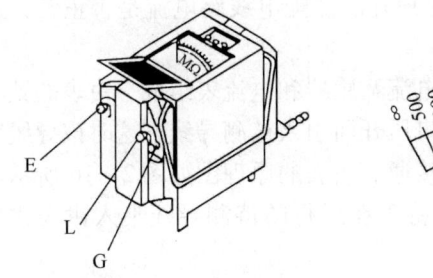

图2-13　兆欧表

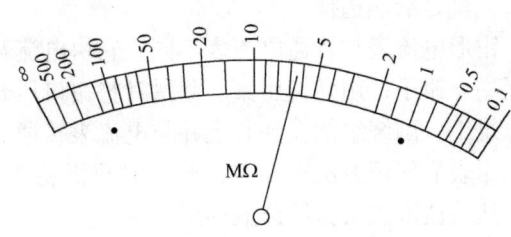

图2-14　兆欧表的刻度线

兆欧表的使用方法：

（1）验表。测量前应将兆欧表进行一次开路和短路实验，检查兆欧表是否良好。若将两连接线开路，轻轻摇动手柄，指针应指在"∞"处，这时如再把两连接线短接一下，指针应指在"0"处。符合这两点要求的兆欧表是良好的，否则兆欧表有误差。

（2）被测设备要断开电源。对于电容设备还要进行放电。

（3）测量照明线路或电力线路对地的绝缘电阻时，一般只用"L"和"E"端，在测量电缆对地绝缘电阻或被测设备的漏电流较严重时，就要使用"G"端，如图2-15所示。

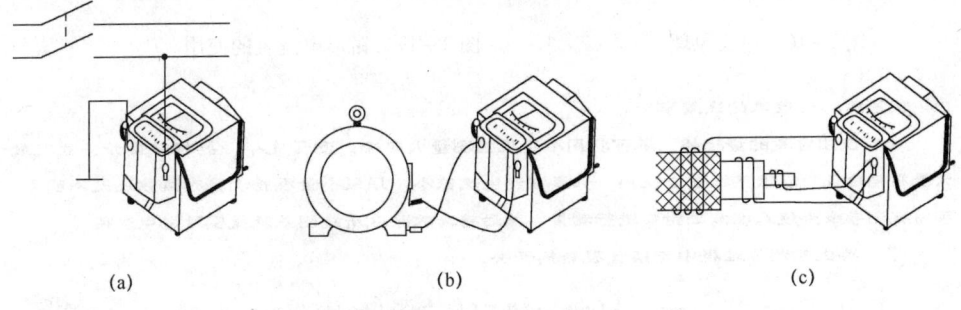

图2-15　测量照明线路、电动机和电缆绝缘电阻的接线图
(a)测量照明线路绝缘电阻　(b)测量电动机绕组绝缘电阻
(c)测量电缆绝缘电阻

(4) 线路接好后，可按顺时针方向转动兆欧表的发电机摇把。摇动的速度应由慢而快。当转速达到一定值时（一般 ZC—25 型为 120r/min 左右），保持转速均匀稳定，1 分钟后读数。表针指示的数值就是所测得绝缘电阻值。

(5) 兆欧表未停止转动之前，切勿用手触及各测量部分或兆欧表接线柱。

（五）钳形电流表

钳形电流表（简称钳表）就是一种用于测量正在运行的电气线路中交流电流大小的仪表，可在不断开电路的情况下测量负荷电流，但只限于在被测线路电压不超过 500V 的情况下使用。例如想知道户外的供配电线路电流是否正常，那么钳表就是最佳选择。

钳形电流表与普通电流表不同，它由电流互感器和电流表组成。钳表的铁心如同一个钳子，用弹簧压紧。测量时将钳口压开而引入被测导线。这时该导线就是原绕组，副绕组绕在铁心上并与电流表接通。钳表的原理图如图 2-16 所示。

钳表的使用方法很简单，测量时只需将正在运行的待测导线夹入钳表钳口内，然后读取表头指针读数即可。

钳形电流表的使用方法如图 2-17 所示。

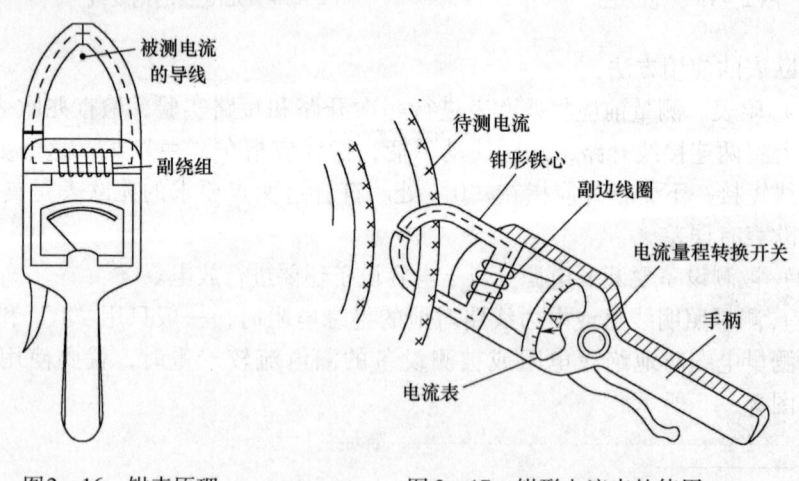

图 2-16 钳表原理　　　　图 2-17 钳形电流表的使用

使用钳形电流表的注意事项：

(1) 使用合适的量程挡。不可以用小量程挡测量大电流。测量完毕，要将转换开关放在最大量程挡位置，以便下次安全使用。如果被测电流较小，用最小量程挡测量时读数还是不明显，可将被测导线多绕几圈放进钳口进行测量，然后将读数除以所绕圈数就是实际的电流值。

(2) 禁止在测量过程中切换量程转换开关。

二、导线绝缘层的剥削与恢复

1. 塑料硬线绝缘层的剖削

芯线截面为 $4mm^2$ 或以下的塑料硬线，一般用钢丝钳进行剖削，方法如

图 2-18。

(1) 用左手握住电线，根据线头所需长短用钢丝钳口切割绝缘层，但不可切入芯线；

(2) 用右手握住钢丝钳头部用力向外去除塑料绝缘层。

(3) 如发现芯线损伤较大应重新剖削。

2. 导线线头的连接

如图 2-19 所示。

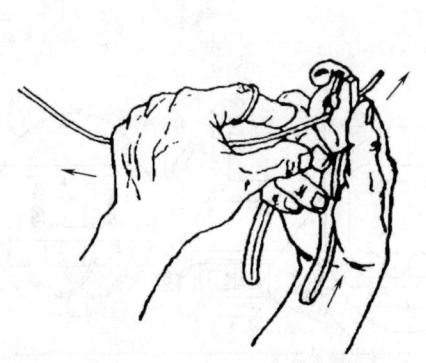

图 2-18　塑料硬线绝缘层的剖削　　　图 2-19　导线线头的连接

(1) 先将两导线端去其绝缘层后作 X 相交；

(2) 互相绞合 2~3 匝后扳直；

(3) 两线端分别紧密向芯线上并绕 6 圈，多余线端剪去；

(4) 钳平切口。

3. 导线绝缘层的恢复

通常用黄蜡带、涤纶薄膜带和黑胶带等作为恢复绝缘层的材料。应从导线左端开始包缠，同时绝缘带与导线应保持一定的倾斜角，每圈的包扎要压住带宽的 1/2。包缠绝缘带要用力拉紧，包卷要粘结密实，以免潮气侵入，如图 2-20 所示。

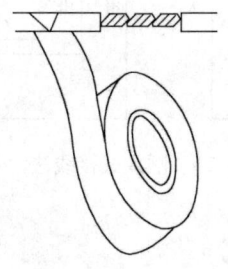 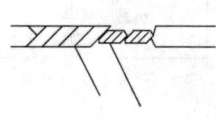 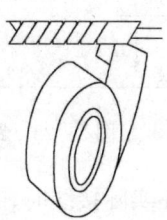

图 2-20　导线绝缘层的恢复

三、单相电度表的工作原理及计量

（一）电度表的功能和作用
电度表是用来测量某一段时间内发电机发出的电能或用电负载消耗电能多少的仪表。它与功率表不同，不仅能反映出功率的大小，而且能反映功率随时间积累的总和。

（二）电度表的面板组成和外形
电度表的面板组成和外形示意图，如图 2-21 和图 2-22 所示。

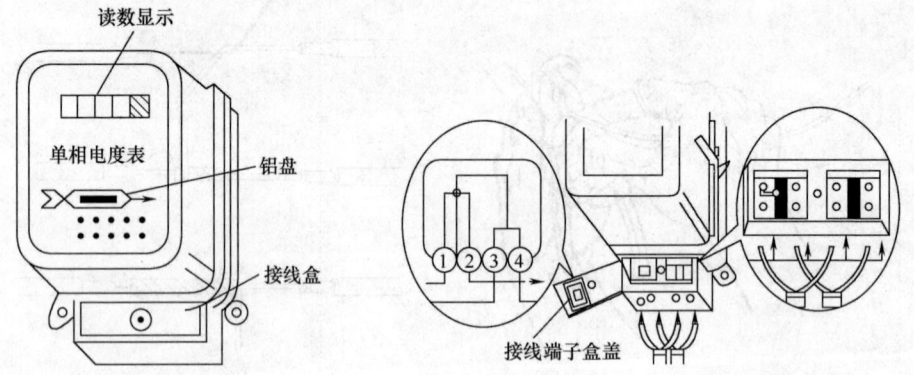

图 2-21　电度表的面板组成和外形　　图 2-22　电度表进出接线示意图

（三）电度表的接线
常用的单相电度表在接线盒里共有四个接线柱，从左至右分别为 1、2、3、4。接线方法共有两种：

一是跳入式接线法，1、3 接进线，2、4 接出线，如图 2-23。

二是顺入式接线法，1、2 接进线，3、4 接出线，如图 2-24。

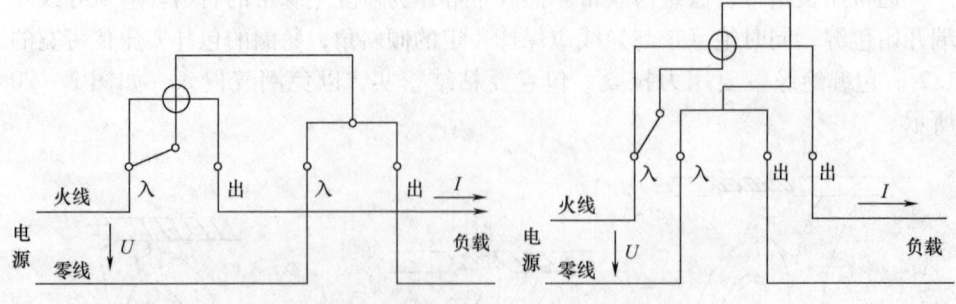

图 2-23　跳入式接线法　　　　　图 2-24　顺入式接线法

在实际接线时，应参照说明书或接线图正确接线。

（四）电度表的读数
（1）单相电度表的测量单位为千瓦小时（kW·h），在日常生活中称为

"度",1度=1 000W(瓦)×1h(小时)。

(2) 单相电度表的读数可从计数器上直接读取。

(3) 两次抄表读数的差值,就是从上次抄表之后到本次抄表为止,在这期间负载电器所消耗的电能,如上次抄表读数为2995.4,本次抄表读数为3008.5,实际耗电量为3008.5 - 2995.4≈13(度)。

有的电度表的读数要乘上一个倍率之后,才是电路实际消耗的电度数,这是因为这些电度表采用了互感器来扩大电度表的量程。

【知识链接2】正弦交流电电路

一、正弦交流电的三要素

这种按正弦规律变化的波形(或函数)可由振幅、周期(或频率)、初相位三个参数确定。这三个参数称为正弦量的三要素。

设正弦电流为:

$$i(t) = I_m \sin(\omega t + \psi)$$

(一) 频率、周期和角频率

周期是指交流电重复一次所需的时间,用字母 T 表示,单位为秒(s)。

频率是交流电每秒钟重复变化的次数,用 f 表示。

周期和频率的关系是

$$f = 1/T \quad \text{或} \quad T = 1/f \tag{2-1}$$

f 的单位是赫兹(Hz),频率反映了交流电变化的快慢。

交流电每完成一次变化,在时间上为一个周期,在正弦函数的角度上则为 2π 弧度(rad),单位时间内变化的角度称为角频率。用 ω 表示,单位为弧度/秒(rad/s),则角频率、周期、频率的关系为:

$$\omega = \frac{2\pi}{T} = 2\pi f \tag{2-2}$$

(二) 幅值与有效值

正弦量在任一瞬间的值称为瞬时值,用小写字母表示,如用 i、u、e 分别表示瞬时电流、电压、电动势等。瞬时值中最大的称为幅值或最大值,用带下标 m 的大写字母表示,如用 I_m、U_m、E_m 等来表示电流、电压、电动势的最大值。

在正弦交流电中,一般用有效值来描述各量的大小。有效值是通过电流的热效应来规定的,若周期性电流 i 在一个周期内流过电阻 R 所产生的热量与另一个恒定的直流电流 I 流过相同的电阻 R 在相同的时间里产生的热量相等,即这个直流电流 I 和周期电流 i 热效应是等效的,因此将这个直流电流的数值定义为该周

期电流的有效值。有效值用大写字母表示,经数学推导有效值与最大值之间的关系为:

正弦电流的有效值为

$$I = I_m / \sqrt{2} \tag{2-3}$$

正弦电压的有效值为

$$U = U_m / \sqrt{2} \tag{2-4}$$

正弦电动势的有效值为

$$E = E_m / \sqrt{2} \tag{2-5}$$

(三) 初相位

1. 初相位

式(2-1)中的 $\omega t + \psi$ 称为交流电的相位角,简称相位。当 $t=0$ 时的相位叫初相位,简称初相,用 ψ 表示。初相决定交流电的起始状态。如图 2-2 中 i 的初相为 ψ,其初始值不为零。当 $\psi = 0$ 时,初始值为零。

2. 同频率正弦量的相位差

两个同频率正弦量的相位之差叫相位差,用字母 φ 表示。

如 $u = U_m \sin(\omega t + \psi_1)$,$i = I_m \sin(\omega t + \psi_2)$,则两者的相位差为

$$\varphi = (\omega t + \psi_1) - (\omega t + \psi_2) = \psi_1 - \psi_2 \tag{2-6}$$

可见,两个同频率正弦量的相位差等于它们的初相之差。相位差的大小反映了两个同频率正弦量到达正幅值或负幅值的时间差。

(1) 若 $\psi_1 - \psi_2 > 0$,称 u 超前于 i;或 i 滞后于 u,如图 2-25 所示。

(2) 若 $\psi_1 - \psi_2 = 0$,说明 u 与 i 同时到达正幅值,称为 u 与 i 同相位,如图 2-26 所示。

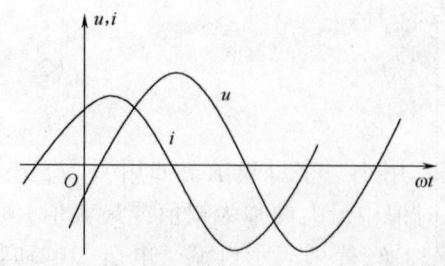
图 2-25 u 超前于 i

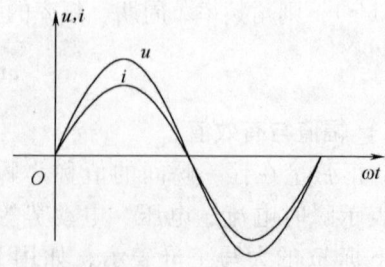
图 2-26 u 与 i 同相位

(3) 若 $\psi_1 - \psi_2 = \pi$,说明 u、i 到达正幅值时 e 恰为负幅值,称 u、i 与 e 反相,如图 2-27 所示。

(4) 若 $\psi_1 - \psi_2 < 0$,称 i 超前于 u;或 u 滞后于 i,如图 2-28 所示。

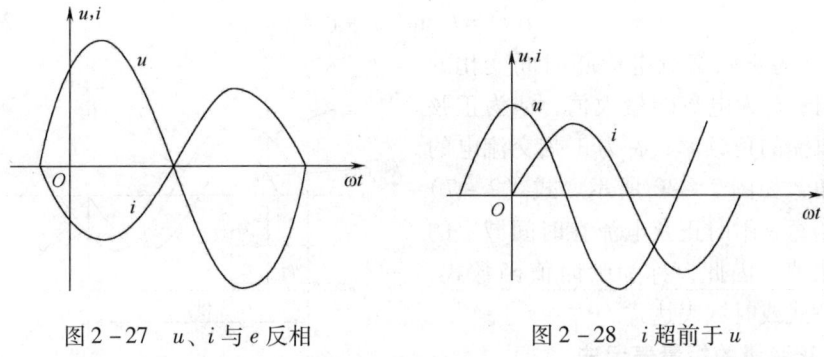

图 2-27　u、i 与 e 反相　　　　　图 2-28　i 超前于 u

二、正弦交流电的表示法

(一) 正弦量的时域表示法

在学习情境一中我们所分析的电路中，电路各个部分的电压和电流都不随时间而变化，如图 2-29 (a) 所示，称为直流电压（或电流）。如图 2-29 (b) 所示，为正弦交流电及其电路，此处在情境一的基础上介绍正弦交流电路。

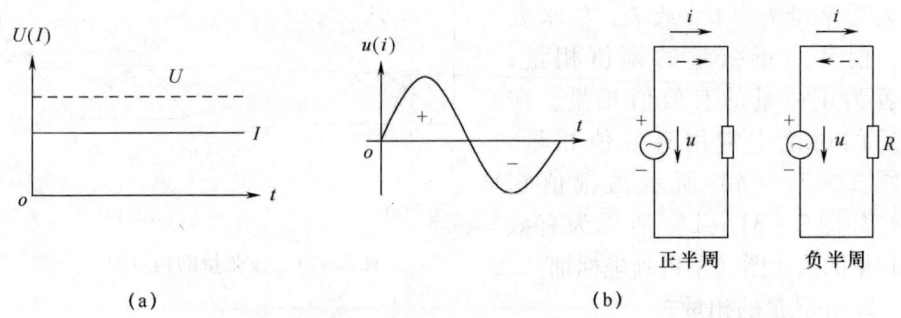

图 2-29　直流和正弦交流电压（电流）随时间变化的波形图
(a) 直流电　(b) 正弦交流电

分析与计算正弦交流电路，主要是确定不同参数和不同结构的各种正弦交流电路中电压与电流之间的关系和功率。

在正弦交流电路中，电压和电流是按正弦规律变化的，其波形如图 2-29 (b) 所示。由于正弦电压和电流的方向是周期性变化的，在电路图上所标的方向是指它们的正方向，即代表正半周时的方向。在负半周时，由于所标的正方向与实际方向相反，则其值为负。图中的虚线箭头代表电流的实际方向；"+"、"-"代表电压的实际方向。

正弦电压和电流等物理量，常统称为正弦量。

以正弦电流为例，解析式

$$i(t) = I_m \sin(\omega t + \psi) \tag{2-7}$$

式中，i 为正弦交流电流随时间变化的瞬时值；I_m 为电流的最大值；ω 为正弦交流电流的角频率；ψ 为正弦交流电的初相角，如图 2-30 所示。式（2-7）表达了每一瞬时正弦电流在时间域上的函数取值，因此，称为瞬时值函数式，简称瞬式或时域表达式。

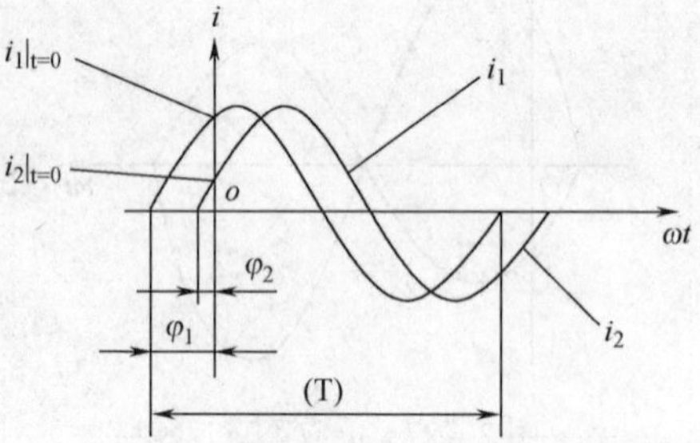

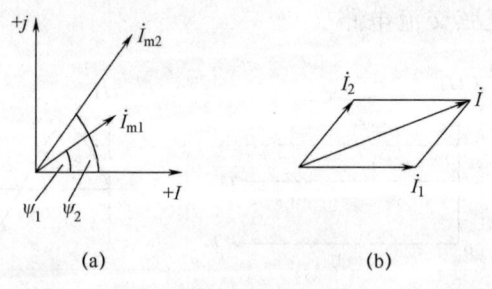

图 2-30 正弦交流电量的相位与初相

（二）正弦量的相量表示法

正弦交流电可用三角函数式和波形图表示，前者是基本的表示方法，但运算繁琐；后者直观、形象，但不准确。为了便于分析计算正弦电路，常用相量法表示。相量表示法的基础是复数，就是用复数来表示正弦量。

1. 正弦量的相量图

正弦量的相量在复平面上长度为正弦量幅值 A，或有效值 A，角度为正弦量初相位的方向、有箭头的有向线段。

用大写字母 $\dot{I}_m$、$\dot{U}_m$ 或 $\dot{I}$、$\dot{U}$ 来表示，前者为正弦量的幅值相量，后者为正弦量的有效值相量，在以后的讨论中常用有效值相量。如图 2-31（a）所示为幅值相量，如图 2-31（b）所示为有效值相量的简化图（不再画坐标轴）。

图 2-31 正弦量的相量图

2. 正弦量的相量式

如图 2-32 所示，相量 $\dot{A}$ 的实部为 a，虚部为 b，则相量的复数式为：

$$\dot{A} = a + jb \tag{2-8}$$

该式称为相量的代数式。

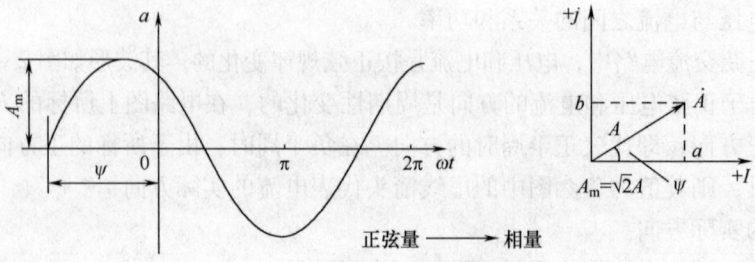

图 2-32 正弦量及其相量形式

若相量 $\dot{A}$ 用模 r（即相量 A 的长度）和幅角 ψ 表示，则 $\dot{A}$ 可以表示为：

$$\dot{A} = r\cos\psi + jr\sin\psi \tag{2-9}$$

该式称相量的三角式。两者的转换关系为：

$$r = \sqrt{a^2 + b^2}, \psi = \arctan\frac{b}{a} \tag{2-10}$$

或

$$a = r\cos\psi, b = r\sin\psi \tag{2-11}$$

则 $\dot{A}$ 还可以表示为指数式：

$$\dot{A} = r(\cos\psi + j\sin\psi) = re^{j\psi} \tag{2-12}$$

或写成极坐标式：

$$\dot{A} = r\underline{/\psi} \tag{2-13}$$

因此，已知一正弦量 $a(t) = A_m\sin(\omega t + \psi)$，就可以直接写出指数式 $\dot{A}_m = A_m e^{j\psi}$，或 $\dot{A} = Ae^{j\psi}$ 或极坐标式 $\dot{A} = A\underline{/\psi}$。

3. 正弦量的简单相量运算

相量的乘除法一般采用相量的极坐标形式较为方便。

$$\dot{A}_1 \cdot \dot{A}_2 = r_1\underline{/\psi_1} \cdot r_2\underline{/\psi_2} = r_1 \cdot r_2 \underline{/\psi_1 + \psi_2} = r\underline{/\psi} \tag{2-14}$$

$$\dot{A}_1/\dot{A}_2 = r_1\underline{/\psi_1}/r_2\underline{/\psi_2} = r_1/r_2 \underline{/\psi_1 - \psi_2} = r\underline{/\psi} \tag{2-15}$$

相量的加减法一般应把相量转化为复数的代数式后运算较方便。

$$\dot{A}_1 \pm \dot{A}_2 = (a_1 + jb_1) \pm (a_2 + jb_2) = (a_1 \pm a_2) \pm j(b_1 \pm b_2) = a \pm jb \tag{2-16}$$

相量的加减法一般在相量图上进行，如图 2-33（a）所示为相量相加，如图 2-33（b）所示为相量相减。

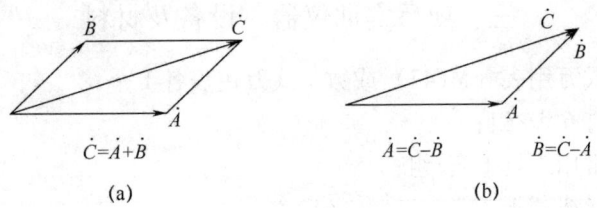

图 2-33 相量的加减法

4. 正弦量的相量表示法

一个正弦量具有三要素，但在交流电路中，当外加正弦交流电源的频率一定时，在电路各部分产生的正弦电流和电压的频率，也都与电源的频率相同，所以在分析过程中可以把角频率这一要素当作已知量，于是只留下正弦量的大小和初相位才需要进行计算。用复数的模表示正弦量的大小，用复数的辐角表示正弦量的初相角，来分析计算正弦交流电，就显得非常合适。这种用于表示正弦交流电的复数，称为相量。例如要将正弦电压 $u = 60\sin(\omega t + 45°)$ V 表示成相量，即

$\dot{U}_m = U_m \angle 45° = 60(\cos 45° + \mathrm{j}\sin 45°) = 60e^{\mathrm{j}45°}$ V

相量在复平面上的图 2-31 称为相量图。该图为 $i = I_m \sin(\omega t + \psi)$ 的最大值相量图示法。令正弦相量绕 O 点以角速度 ω 逆时针旋转,则任一时刻在纵轴上的投影,为该正弦量的瞬时值 $i = I_m \sin(\omega t + \psi)$。

注意:(1) 相量不能表示非正弦量;

(2) 只有同频率的正弦量才能画在同一相量图上进行比较和计算;

(3) 两相量相加减时,既可在相量图中用矢量的图解法求解,也可用相量的复数表达式运算。

【训练项目 2】带智能开关的白炽灯异地控制线路安装

一、项目目标

(1) 会使用电工工具;
(2) 能完成开关底盒的安装;
(3) 会使用万用表测量电压;
(4) 会使用万用表测量电脑程序控制器开关输出电压。

二、项目要求

(1) 通过应用电脑程序控制器开关控制多个白炽灯的不同亮暗效果;
(2) 应用双联开关实现白炽灯的异地控制。

三、项目实训仪器、设备及材料

(1) 指针式万用表(MF47)或数字式万用表各 1 个;
(2) 白炽灯 6 个/组;
(3) 电工常用工具 1 套/组;
(4) 连接导线若干;
(5) 线槽(25×15)或线管(Φ15)若干。

四、项目实训内容与步骤

任务 1 双联开关、电脑程序控制器、白炽灯等器件测试

(1) 开关、器件的质量检查,元器件型号、规格符合图纸要求;各类元器件有附件的,附件应安装完整、牢固、正确,标识完整美观;器件包装袋内应有产品使用说明书;

(2) 应用木螺丝对开关底盒、双联开关、灯具固定。

任务 2 按图 2-34 要求完成双联开关实现白炽灯的异地控制线路安装

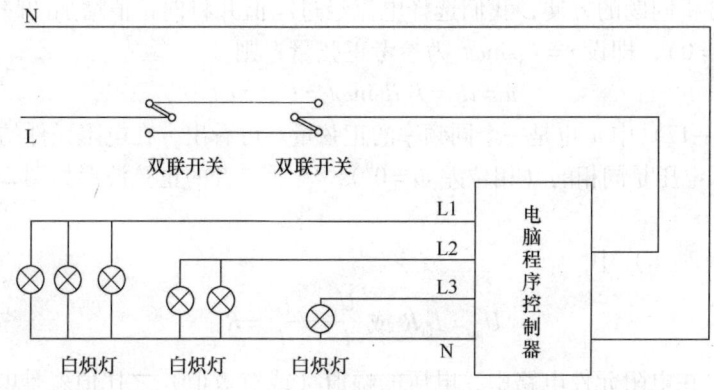

图 2-34 白炽灯的异地控制线路安装图

(1) 安装连接灯具及开关之间的线槽；
(2) 完成电脑程序控制器与双联开关的连接；
(3) 连接两个双联开关之间的连线，然后把各个的炽灯按电路图连接起来；
(4) 检查后试通电。

五、思考与分析

(1) 双联开关接错线会有什么故障现象？
(2) 如何判断电脑程序控制器质量的好坏？
(3) 常用的开关有哪些类型，规格有哪些？其安装方式如何？

【知识链接 1】正弦交流电电路中电阻、电容、电感之间的电压与电流关系

电阻、电容、电感是实际中使用最广泛的三种负载元件，电阻是耗能元件，电容、电感是储能元件。在直流电路中，电感元件可视为短路，电容元件则可视为开路。而在交流电路中，由于电压、电流随时间变化，在电感元件中因磁场不断变化，产生感生电动势；在电容极板间的电压不断变化，引起电荷在与电容极板相连的导线中移动形成电流。下面讨论电阻、电感与电容在交流电路中各自的电特性。

一、电阻元件

(一) 电阻元件上电压与电流关系

图 2-35 (a) 是一个线性电阻元件的交流电路。电压和电流的正方向如图

所示，两者关系由欧姆定律确定，即 $u=iR$。

为了分析问题的方便，我们选择电流经过零值并将向正值增加的瞬间作为计时起点（$t=0$），即设 $i=I_m\sin\omega t$ 为参考正弦量，则

$$u=iR=I_mR\sin\omega t=U_m\sin\omega t \qquad (2-17)$$

式（2-17）中 u 也是一个同频率的正弦量。可看出，在电阻元件的交流电路中，电流和电压是同相的（相位差 $\phi=0°$），表示二者的正弦波形如图 2-35（b）所示。

在式（2-8）中

$$U_m=I_mR \text{ 或 } \frac{U_m}{I_m}=\frac{U}{I}=R \qquad (2-18)$$

由此可知，在电阻元件电路中，电压的幅值（或有效值）之比值就是电阻 R。

如用相量表示电压与电流的关系，则为

$$\dot{U}=Ue^{j0} \text{ 或 } \dot{I}=Ie^{j0};\ \dot{U}_R=\dot{I}R \text{ 或 } \dot{I}=\dot{U}_R/R \qquad (2-19)$$

此即欧姆定律的相量表示式，电压和电流的向量如图 2-35（c）所示。

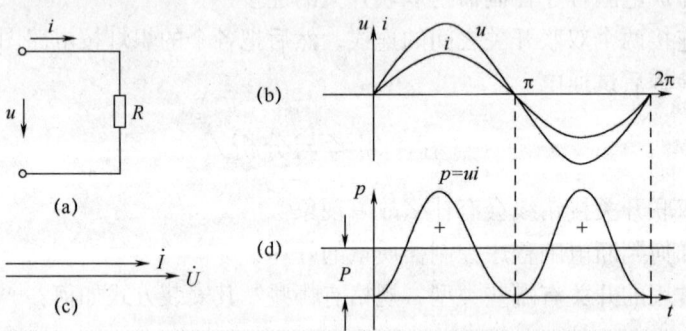

图 2-35　电阻元件交流电路
(a) 电路图　(b) 电流、电压正弦波图形　(c) 电压与电流的向量图　(d) 功率波图形

（二）电阻元件的功率

知道了电压和电流的变化规律和相互关系后，便可找出电路中的功率。在任意瞬间，电压瞬时值 u 与电流瞬时值 i 的乘积称为瞬时功率，用小写字母 p 表示，即

$$p=p_R=ui=U_mI_m\sin^2\omega t=U_mI_m\frac{(1-\cos2\omega t)}{2}$$
$$=\frac{U_m}{\sqrt{2}}\frac{I_m}{\sqrt{2}}(1-\cos2\omega t)=UI(1-\cos2\omega t) \qquad (2-20)$$

由于在电阻元件的交流电路中 u 与 i 同相，它们同时为正，同时为负，所以瞬时功率总是正值，即 $p\geqslant 0$。瞬时功率为正，这表明外电路从电源取用能量。

电阻元件从电源取用能量后转换成了热能，这是一种不可逆的能量转换过

程。通常这样计算电能：$W = P \cdot t$，P 是一个周期内电路消耗电能的平均功率，即瞬时功率的平均值，称为平均功率。在电阻元件电路中，平均功率为

$$P = UI = I^2 R = \frac{U^2}{R} \tag{2-21}$$

二、电 感 元 件

（一）电感元件上电流与电压关系

假设线圈只有电感 L，而电阻 R 可以忽略不计，称为纯电感，以下所说的电感如无特殊说明就是指纯电感。当电感线圈中通过交流电流 i 时，其中产生自感电动势 e_L，设电流 i、电动势 e_L 和电压 u 的正方向如图 2-36（a）所示。前面根据基尔霍夫电压定律得出

$$u = -e_L = L\frac{\mathrm{d}i}{\mathrm{d}t} \tag{2-22}$$

设有电流 $i = I_m \sin\omega t$ 流过电感 L，则代入式（2-22）得电感上的电压 u 为：

$$u = \omega L I_m \sin(\omega t + 90°) = U_m \sin(\omega t + 90°)$$

即 u 和 i 也是一个同频率的正弦量。表示电压 u 和电流 i 的正弦波形如图 2-36（b）所示。

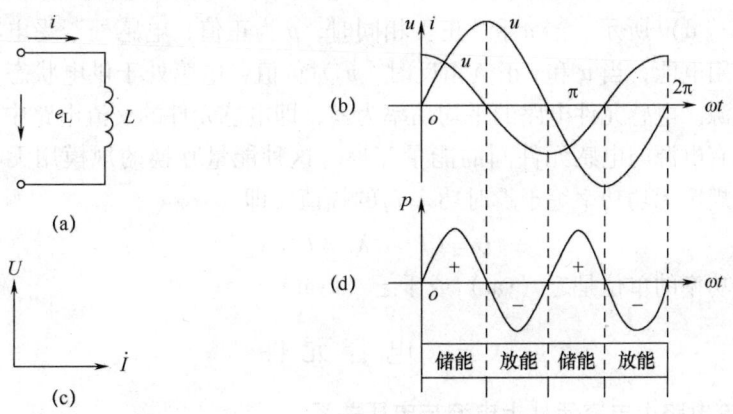

图 2-36 电感元件交流电路
(a) 电路图 (b) 电流、电压正弦波图形 (c) 电流、电压向量图 (d) 功率波图形

比较以上 u，i 两式可知，在电感元件电路中，电流在相位上比电压滞后 90°，且电压与电流的有效值符合下式。

$$U_m = I_m \omega L \text{ 或 } \frac{U_m}{I_m} = \frac{U}{I} = \omega L \tag{2-23}$$

即在电感元件电路中，电压的幅值（或有效值）与电流的幅值（或有效值）之比值为 ωL。显然它的单位也为欧姆。电压 U 一定时，ωL 愈大，则电流 I 愈

小。可见它具有对电流起阻碍作用的物理性质,所以称为感抗。用 X_L, 表示为

$$X_L = \omega L = 2\pi f L \qquad (2-24)$$

感抗 X_L 与电感 L、频率 f 成正比,因此电感线圈对高频电流的阻碍作用很大,而对直流则可视作短路。还应该注意,感抗只是电压与电流的幅值或有效值之比,而不是它们的瞬时值之比。

如用相量表示电压与电流的关系,则:

$$\dot{U}_L = \mathrm{j}\dot{I}X_L = \mathrm{j}\dot{I}\omega L \text{ 或 } \dot{I} = \dot{U}_L/\mathrm{j}X_L = -\mathrm{j}\frac{\dot{U}}{X_L} \qquad (2-25)$$

相量式(2-25)也表示了电压与电流的有效值关系以及相位关系,即:电压与电流的有效值符合欧姆定理($U = IX_L$),相位上电压超前电流 90°。因电流相量 $\dot{i}$ 乘上 j 后即向前旋转 90°,所以称 $\mathrm{j}X_L$ 为复感抗。电压和电流的相量图如图 2-36(c)所示。

(二) 电感元件的功率与储能

知道了电压 u 和电流 i 的变化规律和相互关系后,便可找出瞬时功率的变化规律,即

$$p = u \cdot i = U_m \sin(\omega t + 90°) \cdot I_m \sin\omega t = UI\sin 2\omega t \qquad (2-26)$$

可见,p 是一个幅值为 UI,以 2ω 角频率随时间而变化的交变量,如图 2-36(d)所示。当 u 和 i 正负相同时,p 为正值,电感处于受电状态,它从电源取用电能;当 u 和 i 正负相反时,p 为负值,电感处于供电状态,它把电能归还电源。电感元件电路的平均功率为零,即电感元件的交流电路中没有能量消耗,只有电源与电感元件间的能量互换。这种能量互换的规模用无功功率 Q 来衡量,规定无功功率等于瞬时功率 p_L 的幅值,即

$$Q = UI = I^2 X_L = U^2/X_L \qquad (2-27)$$

无功功率的单位是乏(var)或千乏(kvar)。

三、电容元件

(一) 交流电路中电容元件上电流与电压关系

线性电容元件与正弦电源联接的电路,如图 2-37(a)所示。

电容充放电电流 $i = \dfrac{\mathrm{d}q}{\mathrm{d}t} = \dfrac{\mathrm{d}C \cdot u}{\mathrm{d}t}$,故有:$i = C\dfrac{\mathrm{d}u}{\mathrm{d}t}$,若在电容器两端加一正弦电压 $u = U_m\sin\omega t$,则代入 $i = C\dfrac{\mathrm{d}u}{\mathrm{d}t}$ 中有

$$i = \omega C U_m \sin(\omega t + 90°) = I_m\sin(\omega t + 90°) \qquad (2-28)$$

即 u 和 i 也是一个同频率的正弦量。表示电压 u 和电流 i 的正弦波形如图 2-37(b)所示。

比较以上 u,i 两式可知,在电容元件电路中,电压在相位上比电流滞后 90°

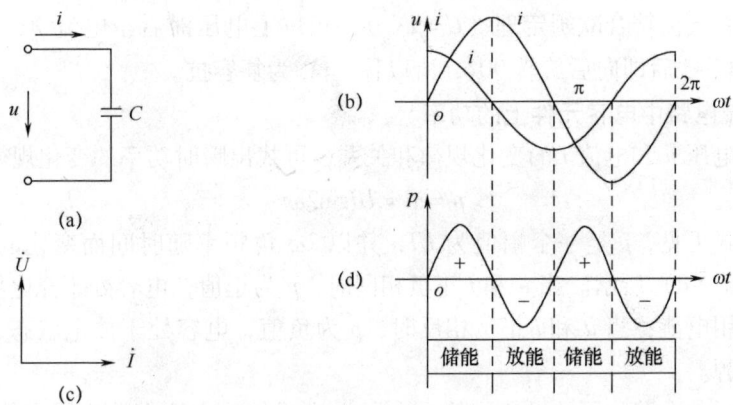

图 2-37 电容元件交流电路图
(a) 电容元件电路 (b) 电流、电压正弦波图形
(c) 电压与电流的正弦波形 (d) 功率波图形

(即电压与电流的相位差为 -90°)，下文中为了便于说明电路的性质，我们规定：当电流比电压滞后时，其相位差 φ 为正值；当电流比电压越前时，其相位差 φ 为负值，且电压与电流的有效值符合下式：

$$I_m = U_m \omega C \tag{2-29}$$

或

$$\frac{U_m}{I_m} = \frac{U}{I} = \frac{1}{\omega C} \tag{2-30}$$

可见在电容元件电路中，电压的幅值（或有效值）与电流的幅值（或有效值）之比值为 $\frac{1}{\omega C}$，它的单位也为欧姆。当电压 U 一定时，$\frac{1}{\omega C}$ 越大，则电流 I 越小。可见它对电流具有起阻碍作用的物理性质，所以称为容抗。用 X_C 表示，即

$$X_C = \frac{1}{\omega C} = \frac{1}{2\pi f C} \tag{2-31}$$

容抗 X_C 与电容 C、频率 f 成反比。因此，电容对低频电流的阻碍作用很大。对直流（$f=0$）而言，$X_C \to \infty$，可视作开路。同样应该注意，容抗只是电压与电流的幅值或有效值之比，而不是它们的瞬时值之比。

如用相量表示电压与电流的关系，有：

$$\frac{\dot{U}}{\dot{I}} = \frac{U}{I} e^{j(0° - 90°)} = \frac{U}{I} e^{-j90°} = jX_C = j\frac{1}{\omega C}$$

或

$$\dot{U} = -j\dot{I}X_C = -j\frac{\dot{I}}{\omega C} = \frac{\dot{I}}{j\omega C} \tag{2-32}$$

相量式（2-32）也表示了电压与电流的有效值关系和相位关系，即：电压

与电流的有效值符合欧姆定理（$U = IX_C$），相位上电压滞后于电流90°。因电流相量 i 乘上 $-j$ 后即向后旋转90°，所以称 $-jX_C$ 为复容抗。

（二）交流电路中电容元件上的功率

根据电压 u 和电流 i 的变化规律和关系，可找出瞬时功率的变化规律，即

$$p = ui = UI\sin 2\omega t \qquad (2-33)$$

由上式可见，p 是一个幅值为 UI，并以 2ω 角频率随时间而变化的交变量，如图2-37（d）所示。当 u 和 i 正负相同时，p 为正值，电容处于充电状态，它从电源取用电能；当 u 和 i 正负相反时，p 为负值，电容处于放电状态，它把电能归还电源。

电容元件电路的平均功率也为零，即电容元件的交流电路中没有能量消耗，只有电源与电容元件间的能量互换。这种能量互换的规模用无功功率 Q 来衡量，并规定无功功率等于瞬时功率 p_c 的幅值。

为了同电感元件电路的无功功率相比较，设电流 $i = I_m\sin\omega t$ 为参考正弦量，则得到电容元件的无功功率为：

$$Q = -UI = -I^2 X_C \qquad (2-34)$$

即电容元件电路的无功功率取负值。

【知识链接2】阻抗的计算

在实际的电路中，除白炽灯照明电路为纯电阻电路外，其他电路几乎都是包含了电感或电容的复杂混合电路。

一、RLC串联交流电路的阻抗与相量形式的欧姆定理

电阻、电感与电容元件串联的交流电路如图2-38（a）所示，注意在电路中的各元件通过同一电流 i。

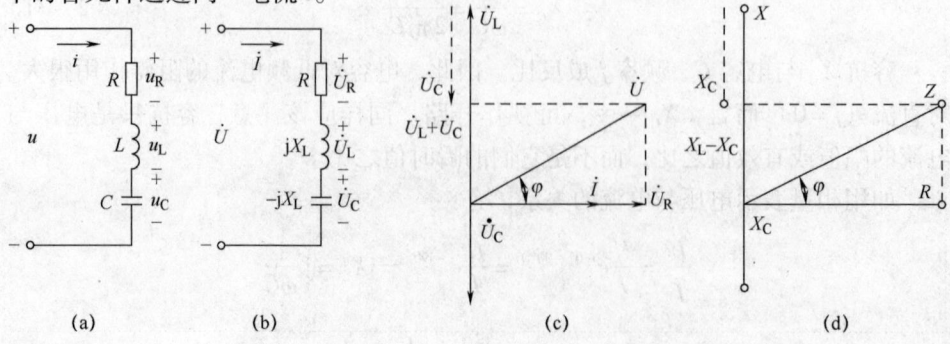

图2-38　R、L、C串联的交流电路
(a) 电路图　(b) 相量模型图　(c) 电压相量三角形　(d) 阻抗三角形

根据基尔霍夫电压定律可列出：

$$u = u_R + u_L + u_C = iR + L\frac{di}{dt} + C\int idt \qquad (2-35)$$

设电流 $i = I_m \sin\omega t$，代入上式得：

$$u = u_R + u_L + u_C = I_m R\sin\omega t + \omega L I_m \sin(\omega t + 90°) + \frac{I_m}{\omega C}\sin(\omega t - 90°)$$

如图 2-38（b）所示，上式各正弦量用有效值相量表示后，则有：

$$\dot{U} = \dot{U}_R + \dot{U}_L + \dot{U}_C = R\dot{I} + jX_L\dot{I} - jX_C\dot{I} \qquad (2-36)$$
$$= [R + j(X_L - X_C)]\dot{I}$$

该式称为相量形式的基尔霍夫定理。

式（2-36）又可写成：

$$X = X_L - X_C, Z = R + j(X_L - X_C) = R + jX \qquad (2-37)$$

上述两式中，X 称为电抗，表示电路中电感和电容对交流电流的阻碍作用的大小，单位为欧姆（Ω）；Z 称为复阻抗，它描述了 RLC 串联交流电路对电流的阻碍以及使电流相对电压发生的相移。习惯上称式（2-37）为正弦交流电路的相量式欧姆定理。在阻抗的联接中我们将详细介绍复阻抗 Z 及相量式欧姆定理的应用。

二、电流电压关系与电压三角形、阻抗与阻抗三角形

因为电路中各元件上电流相同，故以电流 $\dot{I}$ 为参考相量，作出电路的电流与电压相量图如图 2-38（c）所示。在相量图上，各元件电压 u_R，u_L，u_C 的相量 $\dot{U}_R$、$\dot{U}_L$、$\dot{U}_C$ 相加即可得出电源电压 u 的相量 $\dot{U}$，由于电压相量 $\dot{U}$、$\dot{U}_R$ 及（$\dot{U}_L + \dot{U}_C$）组成了一个直角三角形，故称这个三角形为电压三角形。

利用电压三角形，便可求出电源电压的有效值，即

$$U = I\sqrt{R^2 + (X_L - X_C)^2} \qquad (2-38)$$

由上式可见，这种电路中电压与电流的有效值（或幅值）之比为 $\sqrt{R^2 + (X_L - X_C)^2}$，它就是复阻抗 Z 的模，它的单位也是欧姆，具有对电流起阻碍作用的性质，称它为电路的阻抗，用 $|Z|$ 表示，即

$$|Z| = \sqrt{R^2 + (X_L - X_C)^2} = \sqrt{R^2 + \left(\omega L - \frac{1}{\omega C}\right)^2} \qquad (2-39)$$

有了阻抗 $|Z|$，则式（2-31）可写为：

$$U = I|Z| \qquad (2-40)$$

即 RLC 串联电路中的电流与电压的有效值符合欧姆定理。

另外据式（2-39），$|Z|$、R、$(X_L - X_C)$ 三者之间的关系也可用一个阻抗三角形来表示，阻抗三角形是一个直角三角形如图 2-38（d）所示。阻抗三

角形和电压三角形是相似三角形，故电源电压 u 与电流 i 之间的相位差 ϕ 即可以从电压三角形得出，也可以从阻抗三角形得出：

$$\varphi = \arctan \frac{U_L - U_C}{U_R} = \text{arcot} \frac{X_L - X_C}{R} \qquad (2-41)$$

可以看出，上式中的电压与电流的相位差 φ 也是复阻抗 Z 的复角，又称为阻抗的阻抗角。故复阻抗 Z 可表示为：

$$Z = |Z| \angle \varphi \quad 或 \quad Z = |Z| e^{j\varphi} \qquad (2-42)$$

而且，从前面的分析可知，复阻抗 Z 的模表示了电路对交流电流阻碍作用的大小，复角 φ 表示了电路使交流电流相对于电压的相移，故前面我们说：复阻抗 Z 描述了交流电路对电流的阻碍以及它使电流相对电压发生的相移。

三、电路的性质

阻抗 $|Z|$、电阻 R、感抗 X_L 及容抗 X_C 不仅表示电压 u 及其分量 u_R、u_L 及 u_C 与电流 i 之间的大小关系，而且也表示了它们之间的相位关系。随着电路参数的不同，电压 u 与电流 i 之间的相位差 ϕ 也就不同，因此，ϕ 角的大小是由电路（负载）的参数决定的。我们一般根据 ϕ 角的大小来确定电路的性质。

（1）如果 $X_L > X_C$，则在相位上电流 i 比电压 u 滞后，$\phi > 0$，这种电路是电感性的，简称为感性电路；

（2）如果 $X_L < X_C$，则在相位上电流 i 比电压 u 超前，$\phi < 0$，这种电路是电容性的，简称为容性电路；

（3）当 $X_L = X_C$，即 $\phi = 0$ 时，则电流 i 与电压 u 同相，这种电路是电阻性的，称为谐振电路。谐振电路在后面将详细介绍。

四、阻抗的联接

实际的交流电路往往不只是 RLC 串联电路，它可能是同时包含电阻、电感和电容的复杂的混联电路，在这些交流电路中用复阻抗来表示电路各部分对电流与电压的作用，因此就可以用相量法分析直流电路一样来分析正弦交流电路。

（一）阻抗的串联

由前可知：如果 R、L、C 串联，则如图 2-39 所示，其电路等效复阻抗：

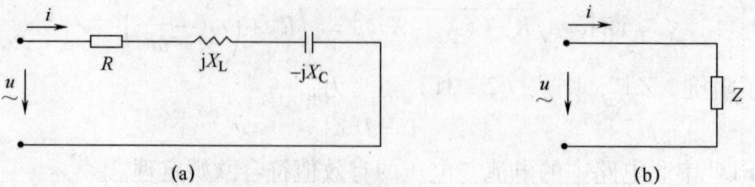

图 2-39 RLC 串联电路的复阻抗
（a）RLC 串联电路的复阻抗形式 （b）等效电路

$$Z = R + jX_L + (-jX_C) \qquad (2-43)$$

即 R、L、C 串联电路的等效复阻抗为各元件的复阻抗之和。

如图 2-40（a）所示两复阻抗串联电路。

则由基尔霍夫电压定律可得

$$\dot{U} = \dot{U}_1 + \dot{U}_2 = \dot{I}Z_1 + \dot{I}Z_2$$
$$= \dot{I}(Z_1 + Z_2) = \dot{I}Z \qquad (2-44)$$

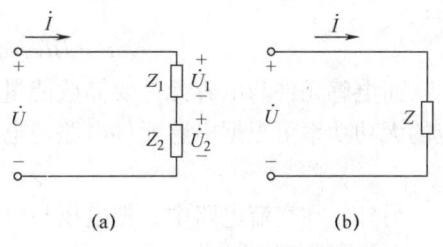

图 2-40 阻抗的串联
（a）阻抗的串联电路　（b）等效电路

式中，Z 称为串联电路的等效阻抗。可见：

$$Z = Z_1 + Z_2 \qquad (2-45)$$

即串联电路的等效复阻抗等于各串联复阻抗之和。图 2-40（a）等效简化为图 2-40（b）。

注意，式（2-45）是复数运算，一般情况下 $|Z| \neq |Z_1| + |Z_2|$

（二）阻抗的并联

图 2-41（a）是两阻抗并联电路。由基尔霍夫电流定律可得：

$$\dot{I} = \dot{I}_1 + \dot{I}_2 = \frac{\dot{U}}{Z_1} + \frac{\dot{U}}{Z_2} = \dot{U}\left(\frac{1}{Z_1} + \frac{1}{Z_2}\right) = \frac{\dot{U}}{Z}$$
$$(2-46)$$

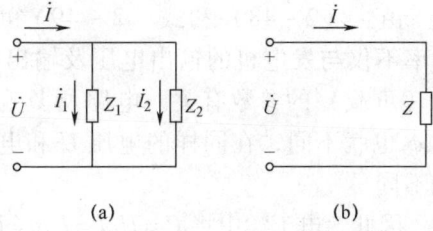

图 2-41 阻抗的并联
（a）阻抗并联电路　（b）等效电路

式中 Z 称为并联电路的等效阻抗：

$$\frac{1}{Z} = \frac{1}{Z_1} + \frac{1}{Z_2} \qquad (2-47)$$

即并联电路的等效阻抗的倒数等于各并联阻抗倒数的和。图 2-41（a）等效简化为图 2-41（b）。

【知识链接3】单相电路功率计算

一、功率计算

RLC 串联电路的瞬时功率为：

$$p = ui = U_m \sin(\omega t + \phi) I_m \sin\omega t$$

由数学关系可得到 $p = UI\cos\phi - UI\cos(2\omega t + \phi)$。故电路的平均功率为

$$p = \frac{1}{T}\int_0^t p\,dt = \frac{1}{T}\int_0^t [UI\cos\varphi - UI\cos(2\omega t + \varphi)]dt = UI\cos\varphi$$

由于 RLC 电路中只有电阻元件 R 上要消耗能量，L 和 C 上有功功率为 0，于是：

$$P = UI\cos\phi = U_R I = I^2 R \tag{2-48}$$

而电感元件与电容元件要储放能量，即它们与电源之间要进行能量互换，相应的无功功率可根据电感元件电路与电容元件电路中无功功率得到：

$$Q = UI\sin\phi \tag{2-49}$$

另外，在交流电路中，把电压与电流有效值的乘积称为视在功率 S，单位为伏安（VA），即：

$$S = UI = I^2|Z| \tag{2-50}$$

式（2-48）、式（2-49）、式（2-50）是计算正弦交流电路中功率的一般公式。而且由以上三式可见，有功功率、无功功率与视在功率间有一定的关系，即

$$S = \sqrt{P^2 + Q^2} \tag{2-51}$$

二、功率因数计算

由式（2-48）和式（2-49）可知，R、C、L 混合电路中负载取用的功率不仅与发电机的输出电压及输出电流的有效值的乘积有关，而且还与电路（负载）的参数有关。电路所具有的参数不同，电压与电流之间的相位差 ϕ 也就不同，在同样的电压 U 和电流 I 下，电路的有功功率和无功功率也就不同。

因此，电工学中将 $P = U_R I = I^2 R = UI\cos\phi$ 中的 $\cos\phi$ 称为功率因数。

只有在电阻负载（例如白炽灯、电阻炉等）的情况下，电压与电流才同相，其功率因数为 1。对其他负载来说，其功率因数均介于 0 与 1 之间，这时电路中发生能量互换，出现无功功率 $Q = UI\sin\phi$。无功功率的出现，使电能不能充分利用，其中有一部分能量即在电极与负载之间进行能量互换，同时增加了线路的功率损耗。所以对用电设备来说，提高功率因数一方面可以使电源设备的容量得到充分利用，同时也能使电能得到大量节约。

功率因数不高，根本原因就是由于电感性负载的存在。例如工程施工中常用的异步电动机，在额定负载时功率因数约为 0.7~0.9，如果在轻载时其功率因数就更低。电感性负载的功率因数之所以小于 1，是由于负载本身需要一定的无功率。从技术经济的观点出发，合理的联接电容可解决这个矛盾，以达到提高功率因数的实际意义。

按照供电规则，高压供电的工业企业平均功率因数不低于 0.90。提高功率因数常用的方法就是与电感性负载并联静电电容器（设置在用户或变电所中），其电路图和相量图如图 2-42 所示。

实际上，并不会将功率因数提高到 1 或使负载并联后变为容性电路，因为这

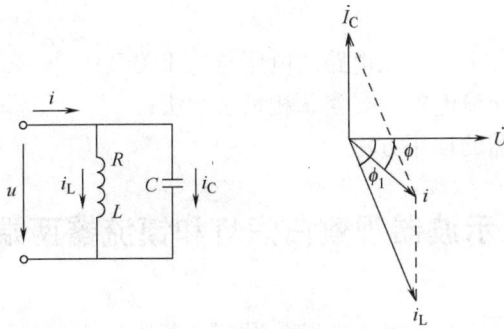

图 2-42 并联电感和电容提高电路的功率因数

样做将加大投入补偿电容设备的投资,而且效果并不明显,因此并联电容的大小选择要适当,在保证提高功率因数的前提下,尽可能采用容量小的电容。

例 2-1：在电压为 220V,频率为 50Hz 的电路中,接入一台 $\cos\varphi_1 = 0.7$,功率 $P = 6kW$ 的感性负载,试求（1）将 $\cos\varphi_1$ 提高到 0.9 时所需并联电容器的容量,（2）并联电容器前后的线路电流。

解：（1）并联电容前　　　　　$\cos\varphi_1 = 0.7$

则　　　　　　　　　　　　　　　$\varphi_1 = 45.6°$

并联电容后　　　　　　　　　　　$\cos\varphi_2 = 0.9$

　　　　　　　　　　　　　　　　$\varphi_2 = 25.9°$

代入并联电容公式得：

$$C = \frac{P}{\omega U^2}(\tan\varphi_1 - \tan\varphi_2) = \frac{6 \times 10^3}{2 \times 3.14 \times 50 \times 220^2}(\tan 45.6° - \tan 25.9°)$$

$$= 212\mu F$$

（2）并联电容器前后的线路电流为：

$$I_1 = \frac{P}{U\cos\varphi_1} = \frac{6 \times 10^3}{220 \times 0.7} = 39A$$

$$I_2 = \frac{P}{U\cos\varphi_2} = \frac{6 \times 10^3}{220 \times 0.9} = 30.3A$$

子情境二　白炽灯串电感调光电路测试

能力目标：

（1）能完成白炽灯串电感电路的连接；

（2）能应用示波器对电路器件进行测量。

知识目标：
(1) 掌握电阻与电感串联电路的电压与电流关系；
(2) 掌握正弦交流电的三要素、相量表示法；
(3) 熟悉示波器的使用方法。

【训练项目】用示波器观察白炽灯和镇流器两端的电压波形

一、项目目标

(1) 能画出 R、L 串联电路的相量图；
(2) 会计算用电器额定电流；
(3) 会使用示波器；
(4) 掌握用电器的功率计算。

二、项目要求

(1) 能掌握示波器的使用方法；
(2) 应用示波器观察白炽灯和镇流器两端的电压波形，并比较其区别。

三、项目实训仪器、设备及实训材料

(1) 指针式万用表（MF47）或数字式万用表各1个；
(2) 电工实验台1台；
(3) 电工常用工具1套/组；
(4) 白炽灯和镇流器各2个/组；
(5) 示波器1个/组；
(6) 连接导线若干。

四、项目实训内容与步骤

任务1　白炽灯和镇流器串联电路电压三角形测量

(1) 用两只220V，25W 的白炽灯和日光灯镇流器串联起来组成如图2-43电路。经指导老师检查后，接通220V电源，将自耦调压器输出调至220V，将 U、U_R、U_L 值记录到表2-3中，验证其三者关系。
(2) 改变 R 值（用一只灯泡）重复 (1) 内容。

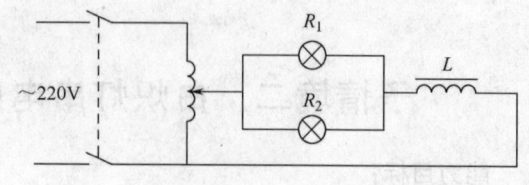

图2-43　白炽灯和镇流器串联电路图

表 2-3　　　　　　　　　　电压实测记录表

白炽灯（数量个）	测量值		
	U/V	U_R/V	U_L/V
2			
1			

任务 2　示波器的使用

（1）测量示波器内的校准信号。用机内校准信号（方波 $f=1\mathrm{kHz}\pm2\%$），电压幅度（$1V\pm30\%$）对示波器进行自检。

①将示波器校准信号输出端通过专用电缆与 Y_A（或 Y_B）输入插口接通，调节示波器各有关旋钮，将触发方式开关置"自动"位置，触发源选择开关置"内"，内触发选择开关置常态，对校准信号的频率和幅值正确选择扫速开关（t/div）及 Y 轴灵敏度开关（V/div）位置，则在荧光屏上可显示出一个或数个周期的方波。

②分别将触发方式开关置"高频"和"常态"位置，并同时调节触发电平旋钮，调出稳定波形。体会三种触发方式的操作特点。

（2）校准"校准信号"幅度。将 Y 轴灵敏度微调旋钮置"校准"位置，Y 轴灵敏度开关置适当位置，读取校准信号幅度，记入表 2-4 中。

表 2-4　　　　　　　　　　实验数据

	标称值	实测值
幅度	1V（P-P）	
频率	1kHz	
上升沿时间	≤ 2μs	
下降沿时间	≤ 2μs	

（3）校准"校准信号"频率。将扫速微调旋钮置"校准"位置，扫速开关置适当位置，读取校准信号周期，并用数字频率计进行校核，记入表 2-4 中。

（4）测量校准信号的上升时间和下降时间。调节"Y 轴灵敏度"开关位置及微调旋钮，并移动波形，使方波波形在垂直方向上正好占据中心轴上，且上、下对称，便于阅读。通过扫速开关逐级提高扫描速度，使波形在 X 轴方向扩展（必要时可以利用"扫速扩展"开关将波形再扩展 10 倍），并同时调节触发电平旋钮，从荧光屏上清楚地读出上升时间和下降时间，记入表 2-4 中。

（5）观察并比较日光灯与镇压流器两端的电压波形。

五、思考与分析

（1）阅读有关示波器部分内容。

(2) 为什么白炽灯与镇流器两端的电压不等于电源电压？

(3) 使用示波器应注意哪些问题？

【知识链接】电工安全知识

生活中的交流电与直流电：电路中提供电能的部件就是电源，家庭中常用的电源是220V交流电，其大小和方向随时间按规律变化，它的电压较高，会对人体造成伤害。有的家用电器中使用直流电作为电源，其大小方向不随时间而变化；常用直流电源是电池或整流电源器，一般常用的电池电压较低，不会对人体造成伤害。

电能在经济建设和人民生活中起着不可缺少的作用，但如果不注意用电安全，就可能酿成人身触电、设备烧坏、引发火灾等严重电气事故，因此，用电安全极为重要，下面将介绍一些安全用电方面的基本知识。

一、电流对人体的危害

如人体不慎触及带电体，就会产生触电事故，使人体受到伤害。电流对人体的伤害主要分为电伤和电击两种。

电伤是指电流的热效应、化学效应、机械效应等对人体表面所造成的创伤，如电弧烧伤、灼伤、电弧强光刺激等。电击是指电流通过人体对人体及内部器官造成伤害的触电事故，它又分为直接电击和间接电击两种。

人体直接接触正常的带电体所造成的触电伤害称为直接电击，如站在地上的人接触到电源的相线或电气设备带电体，或者站在绝缘体上的人同时接触到电源的相线和零线，这属于单相触电；如果人体同时接触带电的任意两相线，这属于两相触电，人体处于线电压之下危险性更大。

人体接触正常时不带电，而故障时带电的带电体所发生的触电伤害称为间接电击，如电机等电气设备的外壳本来是不带电的，由于绕组绝缘损坏等原因，而使其外壳带电，人体意外接触这样的带电外壳，就会发生触电伤害，大多数触电事故属于这一类。为了防止这类触电事故，对电气设备常采用保护接地和保护接零（接中性线）保护装置。

电击对人体的伤害程度与通过人体电流的大小和频率、通电时间、通电途径以及人的生理状况等因素有关。频率为50~60Hz的工频交流电对人最危险，通过人体的工频电流为10mA时，人有麻痹感觉，但能自行摆脱；为20mA时，出现灼伤，人肌肉痉挛收缩，几乎不能摆脱。通常用触电电流和触电时间的乘积来综合反映触电的危害程度，人体的最大安全电流为30mA·s，人体的致命电流为50mA·s，此时人的呼吸器官麻痹，心室颤动，有伤亡的危险，达100mA·s时，呼吸器官和心脏均麻痹，足以致人死命。

人体电阻主要是皮肤电阻，如人体皮肤处于干燥、洁净、无损伤的状态下，人体电阻在 10~100kΩ，但如皮肤有伤口或处于潮湿、脏污状态时，人体电阻可急剧降至 1kΩ 左右。按照对人体有致命危险的工频电流 50mA 和人体最小电阻 1kΩ 来计算，可知 50V 是人体安全电压的极限值。我国规定的安全电压等级有 42V、36V、24V、12V 等。

触电致死的主要原因是触电电流引起心室颤动，造成心脏停跳，因此电流从手到脚、从一手到另一手时，电流流经人体中枢神经和心脏的程度最大，触电后果也最严重。

二、安全用电预防措施

为了人身安全，防止触电事故的发生，及电力系统、电气设备的正常工作，应该从技术上、制度上加强安全用电。

从技术措施的角度，应该做到：

（1）对于电力系统和电气设备应配有良好的专用接地系统，有可靠的保护接地、保护接零措施；单相电气设备和民用电器的使用切不可忽视必要的外壳接地措施。

（2）对电源配备安全保护装置，如漏电保护器、自动断路器等。

（3）使用固定式电气设备时，应注意电气隔离、绝缘操作，并确保电气设备在额定状态下工作。

（4）使用移动式电气设备时，应根据具体工作场所的特点，采用相应等级的安全电压，如 36V、24V、12V 等。移动式电器使用的电源线应该是带有接零（地）芯线的橡胶套软线。

（5）注意特殊环境场所的用电安全，如在高压带电体附近时，千万不要过分靠近，以免发生人与高压带电体间的放电而被电弧烧伤；在矿井等潮湿环境下要采用安全电压供电；对易燃易爆等危险场所，应采用密闭和防爆型电器；特别场所，要采取防静电火灾的措施等。

从制度措施的角度，应该做到：

（1）加强安全用电教育，克服麻痹思想，预防为主，使所有人懂得安全用电的重大意义。

（2）建立和健全电气操作制度。在进行电气设备的安装与维修时，必须严格遵守各种安全操作规程和规定，不得玩忽职守。操作时，首先要检查所用工具的绝缘性能是否完好，并要严格遵守停电操作的规定，切实做好防止突然送电的各项安全措施。如锁上刀闸，并挂上"有人工作，禁止合闸！"的警告牌等。不准约定时间送电。

（3）确保电气设备的设计和安装质量，这一点对系统的安全运行关系极大。必须严格按照国家标准中有关电气安全的规定，精心设计和施工，严格执行审批手续和竣工验收制度，以确保工程质量。

(4) 建立和健全电气设备的定期安全检查和维护保养制度。如检查电气设备和导线的绝缘，检查接地和接零情况，不可靠的电气器件及时更换等，把事故隐患消灭在萌芽之中。

三、电气事故的紧急处理

电气事故包括电气失火、人身触电和设备烧毁。

如发生了电气失火事故，首先应切断电源，然后救火。不能马上切断电源时，只能用砂土压灭或用四氯化碳、二氧化碳灭火器扑救。切不可用水直接扑灭带电火源。

人身触电事故的发生是突然的，急救刻不容缓。人体触电时间愈长，生命就愈危险。因此，一旦发现有人触电，应立即拉掉开关、拔掉插头；没有办法很快切断电源时，应立即用带绝缘柄的钳子、刀斧等刃具切断电源线；当导线搭在或压在受害人身上时，可用干燥的木棒、竹竿或其他带绝缘柄的工具迅速挑开电线。操作时必须防止救护人自己和在场人员触电。

触电者脱离电源后应立即请医生、或送医院、或就地进行紧急救护。如果触电者还没有失去知觉，可先抬到温暖的地方去休息，并急请医生诊治。如果触电者失去知觉、呼吸停止但心脏微有跳动，应立刻采用人工呼吸法救治；如果虽有呼吸但心脏停止跳动，应立刻用人工心脏挤压法救治；如果触电者呼吸、心跳均已停止但四肢尚未变冷（称为触电假死），则应同时进行人工呼吸和人工胸外心脏挤压。现代医学证明：呼吸停止、心脏停跳的触电者，在一分钟之内抢救，苏醒率超过95%，而在六分钟后抢救，其苏醒率在1%以下。这就说明，救护严重触电者，应该首先坚持现场抢救、连续抢救、分秒必争。

子情境三　绘制二室一厅照明电气平面电路图及电气工程预算

能力目标：
(1) 能绘制照明电气平面布置图；
(2) 会选用灯具、开关；
(3) 会选用布线用的 PVC 线槽、线管；
(4) 能计算各种电气材料用量、造价；
(5) 具备人际交流沟通能力。

知识目标:
(1) 掌握常用照明电气设备的图形符号;
(2) 掌握常用开关、控制和保护装置图形符号;
(3) 熟悉常用 PVC 线槽、线管的型号规格;
(4) 了解开关的技术参数;
(5) 了解工程项目预算的应用软件。

【训练项目1】照明电气平面系统图及平面图的绘制

一、项目目标

(1) 画出二室一厅的电气平面图;
(2) 画出二室一厅的电气系统图。

二、项目要求

(1) 绘制的图纸符合制图标准;
(2) 图纸应标注说明及安装要求。

三、项目实训仪器、设备及实训材料

(1) 绘图工作台 20 个;
(2) 常用绘图工具 1 套/组。

四、项目实训内容与步骤

任务 1 标准照明电路图的识读
(1) 教师把实际的某花园住房图纸发给学生;
(2) 教师详细讲解电路图中的图形符号及识读要领;
(3) 学生分组讨论并进行试读图练习。

任务 2 绘制二室一厅电气平面布置图
(1) 要求学生统计自己家里的用电设备情况并记入表 2-5 中。

表 2-5　　　　　　　　　　负荷统计表

序号	1	2	3	4	5	6	7
用电设备							
功率							

(2) 参照标准绘制二室一厅建筑平面图
①根据照度市场计算,确定要选用的灯具及布置方案。首先根据平面的功

能,确定灯具的类型、照度、按实际要求进行布局。

②连接导线。按照回路分配原则,由用户配电箱引出至每个灯具、插座。

③进行文字标注。

(3) 在建筑平面图里绘制电气图。

任务3　绘制二室一厅电气系统图

(1) 实际住房电气系统图学习;

(2) 根据绘制好的电气平面图绘制系统图。

五、思考与分析

(1) 单管日光灯和双管日光灯在绘制上有何不同?

(2) 如何用图形符号表示灯具导线的明敷和暗敷?

【知识链接】家居电气线路设计

一、如何看电气图

图2-44是某住宅A、B单元照明电路图。

照明平面图上要表达的主要内容有:电源进线位置,导线型号、规格、根数及敷设方式,灯具位置、型号及安装方式,照明分电箱、开关、插座和电扇等用电设备的型号、规格、安装位置及方式等。照明器具采用图形符号和文字标注相结合的方法表示。

对图2-44可识读如下。

①建筑平面概况:了解该建筑物的墙体、门窗、楼梯、承重梁柱的平面结构。

②照明线路:如照明线标识为BV-500-2×6-PC20-WC,表明该导线使用的是塑料绝缘导线。2×6-PC20表示采用2根,截面积为6mm^2、直径20mm的硬质塑料管,WC表示沿墙暗敷。

③照明设备:对照图纸找出相应的日光灯、花灯、吸顶灯、壁灯及开关、插座。

④位置:由定位轴线和所标注的尺寸,可以简便地确定设备、线管管线的安装位置,并计算出管线长度。

二、住宅楼的照明电气设计

(一) 照明设计的基本概念

电气照明设计的基本原则主要是实用、经济、安全、美观。根据这一原则,在进行照明设计时,应根据视觉要求、作业性质和环境条件,使工作区或空间获

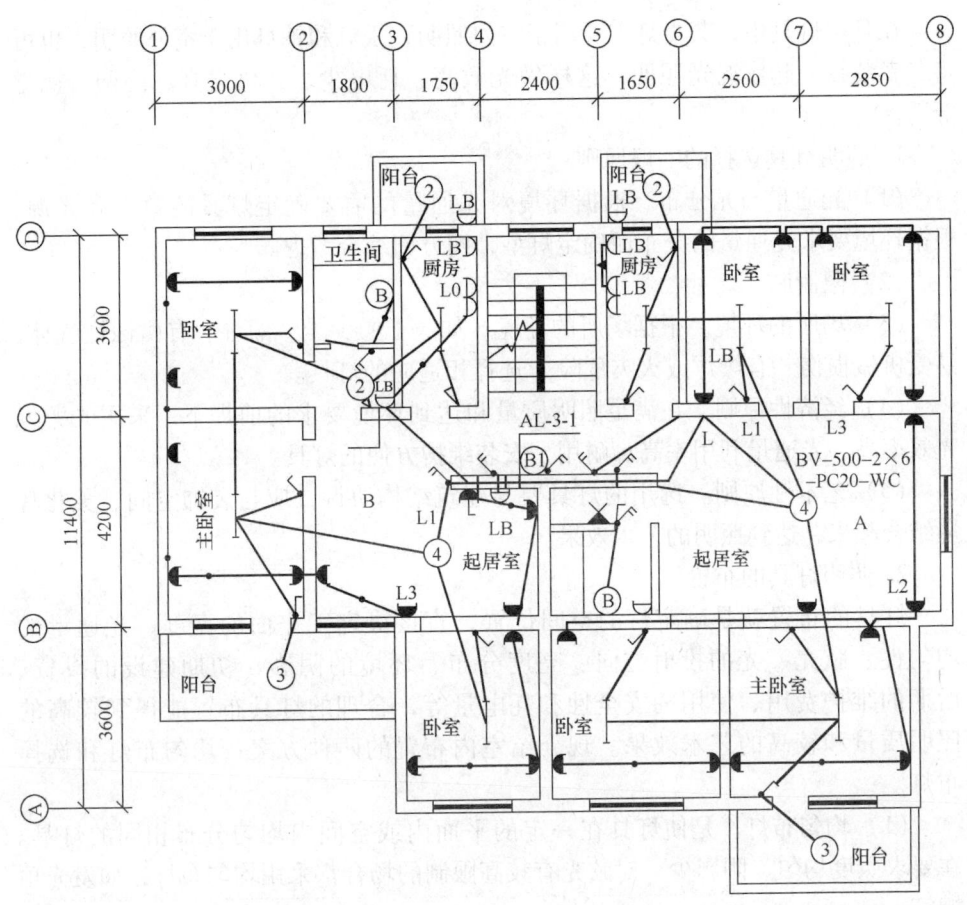

图 2-44 某住宅 A、B 单元照明电路图

得良好的视觉功效，合理的照度和显色性、适宜的亮度分布以及舒适的视觉环境。在确定照明方案时，应考虑不同类型建筑对照明的特殊要求，处理好电气照明与天然采光的关系、合理使用建设资金与采用节能光源高效灯具等技术经济效益的关系。要求我们设计时要正确选择照明方式、光源种类、灯泡功率、灯具数量、形式与光色，防止人与光环境之间失去协调性。

总之，电气照明设计是由照明供电设计和灯具设计两部分组成。其目的是适应人的视觉功能要求，提供舒适明快的环境和安全保障。设计要解决照度计算、导线截面的计算、各种灯具及材料的选型，并绘制平面布置图、大样图和系统图。

(二) 照明灯具的选择和布置

灯具的主要功能是合理分配光源辐射的光通量，满足环境和作业的配光要求，并且不产生眩光和严重的光幕反射。选择灯具时，除考虑环境光分布和限制眩目的要求外，还应考虑灯具的效率，选择高光效灯具。

在各类灯具中，荧光灯主要用于室内照明，汞灯和钠灯用于室外照明，也可将二者装在一起作混光照明，这样做光效高、耗电少、光色逼真、协调、视觉舒适。

1. 照明灯具选择的一般原则

（1）光通量与光分布。根据环境对光通量的需要确定灯具的效率和光源，根据环境要求光通量的分布而确定灯型，两方面综合考虑。

（2）限制眩光。

（3）场所的环境。根据场所的环境（如：干燥少尘、潮湿、有腐蚀性气体、易受机械损伤、有爆炸或火灾危险）选择相适应的灯具。

（4）经济性原则。在满足照明质量和达到环境要求的前提下，采用光源发光效率高、光通量利用率高、耐用、安装维护方便的灯具。

（5）艺术性原则。选用的灯具要与建筑结构协调，应与装饰空间、美化环境结合起来，达到照明的艺术效果。

2. 照明灯具的布置

灯具的布置就是确定灯的空间位置，直接决定工作面的亮度、光通量的均匀性、眩光、光的投射方向、亮度分布、环境的阴影、初期建设的投资、后期的维护费用、使用的安全性和耗电量等，合理的灯具布置能得到较高的照明质量和较高的艺术效果。现介绍室内布置的两种方案：均匀布灯和选择布灯。

（1）均匀布灯。是使灯具在一定的平面内或空间内均匀分布相同的灯具。在要求照度均匀、阴影少、对眩光有较高限制的场合都采用均匀布灯，如发光顶棚等。

（2）选择布灯。是指根据环境内不同区域对照度要求不同或追求艺术效果而设置不同的灯具，如书房的台灯、卧室的壁灯等。采用这种布灯方式可以减少设施投资又可获得较好的照明效果，且可达到较高的艺术性。

（三）一般照明设计

住宅照明应具有浓厚的生活感，据统计一般人每天几乎有多一半的时间要在自己的家里度过，大大超过了在办公室、学校里停留的时间，因此不断改善住宅的光环境是至关重要的。住宅照明质量的提高有赖于合理的选择灯具特性（科学性），而灯具造型的多样化又是个人对灯具型式偏爱的需要，在条件允许时应尊重使用者的意愿进行照明设计以利住宅的商品化、生活化。在住宅照明设计中，只规定在插座回路上设置漏电保护器，是因为插座回路所连接的电器主要是移动式和手持式设备，从防单相故障接地保护角度，这是必要的。这里需要提醒的是卫生间内的灯具应设置在防护区以外为好。随着人民生活水平的提高，美化家庭、节约电能的任务也越来越显得必要。

住宅建筑的照明主要应满足人们不同居住水平、不同居住条件的生活需要。

在住宅或公寓照明中，常用的光源有白炽灯和荧光灯两种。

住宅灯具的安装方式：厨房、厕所采用防水吊线式；客厅、卧室、门厅、过道采用吸顶式灯具；吸顶式灯具尽可能选用节能型灯具，如三基色照明灯具，不但光线柔和悦目、无频闪、保护视力，而且具有多种色温。调光开关可通过旋钮调节灯光强弱，但不能与节能灯配合使用。10A可满足家庭内普通电器用电限额。16A可满足家庭内空调或其他大功率电器。带开关插座可以控制插座通断电；也可以单独作为开关使用，多用于常用电器处，如微波炉、洗衣机等，还有用于镜前灯。空白面板用来封蔽墙上预留的查线盒，或弃用的墙孔。暗盒安装于墙体内，走线前都要预埋。信息插座是指电话、电脑、电视插座。

下面参照各个房间可能用到的开关、插座做一下详细说明。

（1）主卧室。开关不省，插座省。大多数人买开关、插座往往选择同一品牌的，建议的选择是开关买好的品牌，插座则选择普通品牌的。原因是开关的使用频率高，对品质的要求也高，并且开关一般安装在显眼的位置，要求装饰效果也要出色。而插座一般使用频率很低，电视机、冰箱等电器插上电源后一般就不会拔下，加上插座通常安装在隐蔽的位置，对装饰性没有很高的要求。由于一套房子开关的数量一般只有几个，而插座的数量往往要几十个，这样就能大大节省开支。

双控开关2个（主卧室顶灯，卧室做双控开关非常必要，这个钱不要省，尽量每个卧室都是双控），5孔插座4个（两个床头灯、电视预留、备用插座），3孔16A插座：1个（空调，这个没必要带开关，现在室内都有总线控制，不用的时候将空调一项单独关掉就行了），有线电视插座1个，电话网线插座1个。

（2）次卧室。双控开关2个（次卧室顶灯），5孔插座3个（2个床头灯、备用插座），3孔16A插座1个（空调），电话网线插座1个。

（3）书房。单联开关1个（书房顶灯），5孔插座3个（台灯、电脑、备用插座），3孔插座16A 1个（空调），电话网线插座1个。

（4）客厅。双控开关2个（客厅顶灯，有的客厅距入户门较远，每天关灯要跑到门口，所以做成双控的会很方便），单联开关1个（玄关灯），5孔插座7个（电视、饮水机、DVD、备用插座等），3孔插座16A 1个（空调），电话网线插座1个电视有线插座1个。

（5）餐厅。双联开关1个（餐厅顶灯、厨房顶灯），5孔插座1个（备用插座），一开3孔插座1个（电冰箱）。

（6）厨房。5孔插座3个（电饭锅、备用插座2个），3孔插座3个（油烟机、备用插座2个），一开3孔10A插座2个（小厨宝、微波炉），一开3孔16A插座2个（电磁炉、烤箱），一开5孔插座1个。

（7）阳台。单联开关1个（阳台顶灯），5孔插座1个（备用插座）。

（8）主卫生间。单联开关1个（卫生间顶灯），一开5孔插座1个（洗衣机和吹风机），一开三孔 16A 插座 1 个（热水器），防水盒 2 个（洗衣机和热水器，卫生间比较潮湿，用防水盒保护插座，比较安全）。

（9）次卫生间。单联开关 1 个（卫生间顶灯），一开 5 孔插座 1 个（吹风机），防水盒 1 个（吹风机）。

（10）走廊。双控开关 2 个（走廊顶灯，如果走廊不长，一个普通单开就行），白板 10 个。

注意事项：①电话、网线插座后面的模块一般都是统一标准的，万一遇到特殊的，请注意看一下背后的模块。②厨房的插座不是越多越好，要考虑实际使用需要。③墙上所有的开关插座，如果用得着就装，用不着的就装白板，千万别堵上，为日后留个检修孔。④书房布线时一定要考虑书桌和网线的位置从实用的角度合理安排位置。⑤插座位置处理不当的话，如果在卧室、客厅，可能会影响家具摆放；如果在卫生间、厨房，可能就要刨砖了（俗称打线槽）。如果没有十足的把握，可以记住一点：让插座尽可能地靠边。此外，安装开关插座，一定要从实用角度去考虑，毕竟这些开关插座是为人服务的。例如，排风扇开关、卫生间电话插座应装在马桶附近，而不是装在卫生间进门的墙边。一些固定位置的专用插座，比如冰箱、洗衣机、油烟机、空调等完全没必要买 5 孔的，3 孔的就可以。⑥带开关插座的位置选择问题主要考虑两点：一个是家用电器的"待机耗电"，另一个是方便使用。一般来说，几乎所有的家用电器都有待机耗电。所以，为了避免频繁插拔，类似于洗衣机插座、电热水器插座这类使用频率相对较高的电器可以考虑用带开关插座。如果认为电饭锅、电热水壶这类电器两次任务之间插来拔去的很麻烦，可以考虑在橱柜台面的备用插座中使用带开关插座。书房电脑连一个插线板基本可以解决电脑那一大串插头了，省去了每天弯腰插插头的痛苦。而像空调这类电器，因为电闸箱里空调有专门的电闸，所以，空调插座没必要带开关，不用的时候把电闸箱里的空调闸拉下来就行了。

【训练项目2】二室一厅电气工程预算

一、项目目标

（1）掌握用电器的功率计算；
（2）掌握照明工程项目的预算方法；
（3）能独立完成二室一厅电气工程的预算；
（4）掌握各种材料的选择方法。

二、项目要求

（1）编写二室一厅电气工程预算书面 1 份；
（2）通过网络、市场调查确定各种电气设备、材料的报价。

三、项目实训仪器、设备及实训材料

（1）常用电工材料（各种型号的线槽、线管、各种型号导线、单联开关、

双联开关、插座、开关箱等);

(2) 计算机 40 台。

四、项目实训内容与步骤

任务 1   二室一厅导线、线槽、线管的选择

(1) 根据绘制好的二室一厅电气平面图,确定导线的截流量,并选择合适的导线;

(2) 查表确定所需要的线槽规格;

(3) 根据图纸确定导线及线管的数量,填入表 2-6。

任务 2   二室一厅灯具、开关的选择

(1) 根据绘制好的二室一厅电气平面图,并考虑实际需要进行灯具的选择,确定灯具的数量、型号、规格;

(2) 根据灯具的数量及安装形式,合理选择开关的型号及规格,根据用电所需,确定空调器或常用电器设备的插座型号、数量,填入表 2-6;

表 2-6   主要材料用量及造价表

序号	图例	设备材料名称	型号规格	单位	数量	单价	总价	备注
1								
2								
3								
4								
5								
6								
7								
8								
9								
10								
11								
12								

(3) 通过网络和市场调查,确定本地区安装二室一厅所需的电气材料的价格;

(4) 了解电气预算常用的软件的用法;

(5) 编写二室一厅电气预算书。

五、思考与分析

(1) 家居常用的开关有哪些?

(2) 什么是线管？怎样选用？

(3) 如何选用室内布线导线？选用时应注意些什么问题？

【知识链接】电气材料知识

一、常用电气材料的分类

(一) 常用导电材料

1. 常用电气材料的分类

按电阻率的不同进行划分，常用电气材料可分为 3 类。

(1) 导体：其电阻率在 $10^2 \Omega \cdot m$ 以下。

(2) 半导体：其电阻率为 $10^3 \sim 10^8 \Omega \cdot m$。

(3) 绝缘体：其电阻率在 $10^8 \Omega \cdot m$ 以上。

铝和铜是最常见的导电材料，它们的机械性能和导电性能较好，主要用来制造电线。用来导电的电工材料称为导线，俗称电线。常用的导线有裸导线、电磁线、绝缘电线和电力电缆线等。

(1) 裸导线。裸导线是无绝缘层及保护层的导线。常见裸导线的种类、型号及用途如表 2-7 所示。

表 2-7　　　　　　常见裸导线的种类、型号及用途

种类		型号	实物材料示例	用途
单线	圆铜线	TR（软圆铜线）		各种电线电缆的导电体
		TY（硬圆铜线）		
	圆铝线	LR（软圆铝线）		
		LY（硬圆铝线）		
裸绞线	铝绞线	LJ		1kV 以下低压、短距离架空输电线路
	钢芯铝绞线	LGJ		1kV 以上高压、长距离输电线路
	轻型钢芯铝绞线	LGJQ		
	加强型钢芯铝绞线	LGJJ		
	硬铜绞线	TJ		抗拉强度高、耐腐蚀，用作高低压输电线
	软铜绞线	TJR		适用于电气装备及电子电器或元件的连接线
	镀锌钢绞线	GJ		避雷线

（2）电磁线。电磁线是用于电能与磁能相互转换的绝缘线。它可以用来制造电动机、变压器、电器的线圈，但不能用于布线及电气设备的连接。常见电磁线的种类、型号及用途如表 2-8 所示。

表 2-8　　　　　　　常见电磁线种类、型号及用途

种　类	型　号	实物材料示例	用　途
无机绝缘电磁线	YML、YMLB、TC		其特点是耐高温、耐辐射，用于制造高温有辐射场所的电动机、电气设备的线圈
特种电磁线	SQJ、SEQJ、QQLBH、QQV、QZJBSB		可用来制造潜水电动机、大型变压器的线圈或绕组
漆包线	Q、QQ、QA、QH、QZ、QXY、QY、QAN		主要用于制造中小型电动机变压器的线圈
绕包线	Z、ZL、ZB、ZLB、SBEC、SBECB、SE、SQ、SQZ		用于制造油浸式变压器的线圈、大中型电动机绕组及发电机线圈；与漆包线相比，其绝缘层较厚，电性能更优，故常用于大中型耐高温的设备

（3）绝缘电线。绝缘电线有绝缘层，能起到隔离、保护的作用，应用较广泛。常见绝缘电线的种类、型号及用途，如表 2-9 所示。

表 2-9　　　　　　　常见绝缘材料种类、型号及用途

种　类	型　号		实物材料示例	用　途
	铜芯线	铝芯线		
棉线编织橡胶绝缘导线	BX	BLX		适用于交流 500V、直流 1000V 以下的电气设备和室内装置
氯丁橡胶绝缘导线	BXF	BLXF		
聚氯乙烯绝缘软导线	BVR	—		适用于交、直流电器装置、电工仪表、仪器、电信设备、电力及照明线路的固定敷设
聚氯乙烯绝缘导线	BV	BLV		其用途与聚氯乙烯绝缘软导线相同，且耐湿性和耐气候性比较好

续表

种 类	型 号 铜芯线	型 号 铝芯线	实物材料示例	用 途
聚氯乙烯绝缘聚氯乙烯护套导线	BVV	BLVV		用于机械防护或对环境要求较高的场合,可明敷、暗敷或直接埋于土壤中
聚氯乙烯绝缘软导线	RV	—		适用于各种移动电器、仪表、电信设备及自动化装置接线（B为两芯平行,S为两芯绞合）
聚氯乙烯绝缘平型软导线	RVB	—		
聚氯乙烯绝缘绞型软导线	RVS	—		

（4）电力电缆线。电力电缆线缆芯、绝缘层和保护层组成。主要用于输电和配电,能输送和分配较大电功率。它的优点是经久耐用、可埋入地下,不受气候条件影响。常见电力电缆线的种类、型号及用途,如表2-10所示。

表2-10　　　　　　　常见电力电缆线的种类、型号及用途

种类	型号	实物材料示例	用 途
铜芯聚氯乙烯绝缘聚氯乙烯护套电力电缆线	BV		敷设在室内外、隧道或沟内,也可直接埋在地层内。线芯有单芯、二芯、三芯等
铝芯聚氯乙烯绝缘聚氯乙烯护套电力电缆线	BLV		
轻型铜芯橡胶绝缘护套电力电缆线	YHQ		适用于移动电器设备。线芯有单芯、二芯、三芯和四芯,其中第四芯常用于接地
中型铜芯橡胶绝缘护套电力电缆线	YHZ		
重型铜芯橡胶绝缘护套电力电缆线	YHC		

2. 导电材料的规格

导电材料的型号中一般含有拼音字母,不同字母有不同的含义,例如:T-铜、L-铝、G-钢、Y-硬、I-软、Q-漆等。其型号由材质、构造、状态几部分组成。圆形规格的材料以标称截面积 mm^2 表示,扁线以厚、宽表示。

(二) 常用绝缘材料

绝缘材料又名电介质,其电阻率常大于 $108\Omega \cdot m$。绝缘材料的主要作用是隔离带电的或具有不同电位的导体,使电流只能沿导体流动。绝缘材料的种类、用途如表 2-11 所示。

表 2-11　　　　　　　　绝缘材料、种类、用途

名称		用途
绝缘漆		浸渍电动机、电器的线圈和绝缘零件,以填充间隙和微孔间隙,提高它们的电气性能及力学性能
覆盖漆		用于覆盖经浸渍处理的绝缘零部件,在其表面形成均匀的绝缘护层,以防止机械损伤和受大气、润滑油和化学药品的侵蚀
硅钢片漆		用于涂覆硅钢片表面,以降低铁芯的涡流损耗,增强防锈及耐腐蚀性能
绝缘胶		主要用于浇注电缆接头、套管、20kV 以下电流互感器、10kV 以下电压互感器等
浸渍纤维制品	漆布	主要用于电动机、仪表、电器和变压器线圈的绝缘
	漆管	主要用于电动机、电器和仪表等设备的连接线绝缘
	玻璃纤维布	主要用于电动机、电器的衬垫和线圈的绝缘
电工层压制品		电工层压制品是以有机纤维、无机纤维作底材,浸涂不同的胶粘剂,经热压或卷制成的层状绝缘材料,可制成具有优良电气、力学性能和耐热、耐油、抗电弧、防电晕等特性的制品
压塑材料		具有良好的电气性能和防潮性能,尺寸稳定,机械强度高,适用于作电动机、电器的绝缘零件
云母材料	柔软云母板	主要用于电动机的槽绝缘、距绝缘和相间绝缘
	塑料云母板	主要用于直流电动机换向器的 V 形环和其他绝缘零件
	云母带	适用于电动机、电器线圈是连接线的绝缘
	衬垫云母板	适用于作电动机、电器的绝缘衬垫
绝缘薄膜		主要用作电动机、电器线圈和电线电缆绕包绝缘以及作电容器介质

二、常用开关、插座分类

在现代家居装修中,一般开发商给配的开关插座多是次品,如果用了质量不好的开关、插座,将会给用电安全带来很大的隐患,千万不可大意。选用开关、

插座时，一定要选择高品质的产品。

家庭常用开关、插座种类有，普通开关：有单开、双开、三开等。双控开关：二个开关在不同位置可控制同一盏灯，如位于楼梯口、大厅、床头等，需预先布线。夜光开关：开关上带有荧光或微光指示灯，便于夜间寻找位置。注意：带灯开关较贵，与日光灯、吸顶灯配合使用时，会有灯光闪烁现象；几年以后荧光会变暗。

三、常用灯的分类

电气照明光源可分为白炽灯、日光灯、高压水银灯、碘钨灯等。常用的几种电光源见表 2 – 12。

表 2 – 12　　　　　　　　　常见的电光源

种类		发光原理	发光效率 /(lm/W)	额定寿命 /h	优点	缺点	用途
热辐射光源	白炽灯	高温辐射产生可见光	7 ~ 16	1000	构造简单，价格低，使用方便	效率低，寿命短	适用于照度要求低，开关次数频繁等场所
	碘钨灯	白炽灯充入微量的碘。利用碘循环，提高发光效率	19.5 ~ 21	1500	效率高于白炽灯，光色好，寿命较长	灯座温度高，安装要求高，偏角不大于4°，价格高	适用于照度要求高，悬挂高度较高的屋内、屋外照明
气体放电光源	日光灯	水银跟氩气放电，发出可见和紫外线，后者激励管壁荧光	46 ~ 60	3000	发光效率高，寿命长，灯管表面温度低	功率因数低，需镇流器启辉器等附件	适用于照明要求较高，需辨别色彩的屋内照明
	高压水银灯	同日光灯	38 ~ 50	5000	效率高，寿命长，耐振	功率因数低，需镇流器，启动时间长达 4 ~ 10min，价格高	适用于悬挂度较高的大面积屋内外照明

（一）白炽灯

白炽灯是最常见，应用最广泛的一种电光源。白炽灯是纯电阻性负载，功率因数等于 1。不同用途的建筑物，用白炽灯照明时，可参照表 2 – 13 所示的单位面积照明用电指标进行选配。

表 2-13　　　　　　　单位建筑面积照明用电估算指标

序号	建筑物名称	单位容量/(W/m²)
1	办公室、教室、礼堂、俱乐部	5
2	单身宿舍、食堂、住宅	4
3	托儿所	5
4	锅炉房	4
5	各种仓库（平均）	5
6	实验室、木工车间	10
7	修理车间	8
8	浴室、厕所	3

普通白炽灯的显色性好，光谱连续，结构简单，易于制造，价格低廉，使用方便，是应用最广的灯种。但它的能量转换效率低，大部分能量转化为红外辐射损失，可见光不多，发光效率低和使用寿命短是它的主要缺点。

近些年发展起来的涂白白炽灯，氪气白炽灯和红外反射膜白炽灯，在提高发光效率和延长使用寿命方面有了进一步的改善。涂白白炽灯是在灯泡的玻璃壳上涂以白色的无机粉末，可提高5%的发光效率，比普通白炽灯发光柔和，感觉舒适。氪（Kr）气白炽灯是以导热率低的氪气替代普通白炽灯的氩（Ar）气和氮（N）气等惰性气体作为充填气，可减少灯丝的热损失和气化速率，发光效率可提高10%，使用寿命能延长一倍。红外线反射膜白炽灯是在灯泡玻璃表面镀上透光的红外线反射膜，把灯丝反射的红外线再反射回灯丝，借提高灯丝温度来提高发光效率，可节电1/3以上。这些新的白炽灯种，依靠在光效和寿命方面的优势，正在部分地取代普通白炽灯。

表 2-14 是白炽灯电路常见故障和排除方法。

表 2-14　　　　　　　白炽灯电路常见故障和排除方法

故障现象	产生故障的可能原因	排除方法
灯泡不发光	①灯丝断裂	更换灯泡
	②灯座或开关触头不良	把接触不良的触头修复，无法修复时，应更换
	③熔丝烧毁	更换熔丝
	④电路开路	修复电路
灯泡发光强烈	灯丝局部短路（俗称搭丝）	更换灯泡
灯光忽亮忽暗，或时亮时息	①灯座或开关触头（或接头）松动，或因表明存在氧化层	修复松动的触头或接线，去除氧化层后重新接线
	②电源电压波动	更换配电变压器，增加容量
	③熔丝接触不良	正确选配熔丝规格
	④导线连接不妥，连接处松散	修复电路、更换灯座

续表

故障现象	产生故障的可能原因	排除方法
灯光暗红	①灯座、开关接触不良，或导线连接处接触电阻增加	修复接触不良的触头，重新连接接头
	②灯座、开关或对地严重漏电	更换完好的灯座或导线
	③线路导线太长太细，线压降大	缩短线路长度，或更换较大截面积的导线

（二）日光灯

图 2-45 是日光灯的接线原理图。

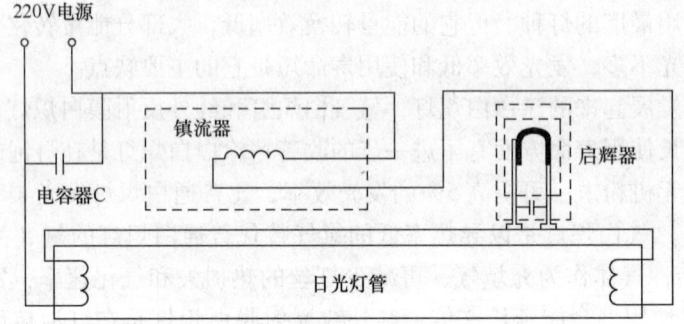

图 2-45　日光灯的接线原理图

日光灯是利用低压汞（Hg）蒸气放电产生的紫外线，去激发涂在灯管内壁上荧光粉而转化为可见光的电光源，又称荧光灯。在近代电气光源中，日光灯得到了迅速的发展。同样瓦数的日光灯比白炽灯的发光强度大 3~5 倍，效率高 3~4 倍，寿命一般长 3~5 倍，而且日光灯的光谱接近日光，故称为日光灯。

日光灯各部件及功能介绍：

①灯管：由灯丝、灯头和玻璃管三部分组成。灯丝上涂有发射电子的物质，玻璃管内壁涂有荧光粉故又称荧光灯。管内充有水银和氩气。

②启辉器：又叫起动器。主要部分是双金属片（装在充有惰性气体的玻璃泡内）。其作用是与镇流器配合，协助灯管开亮。

③镇流器：其作用是在灯管开启时供给较高电压，灯管开启后，将线路电压限制在一定范围。镇流器是按日光灯的瓦数选择的。选用镇流器时要注意整流器的额定电压是否与灯管的额定电压相同（220V），还要注意瓦数必须相同。因为日光灯电路中有镇流器，所以功率因数较低（约 0.45）。在日光灯电路上并联电容器，可以提高日光灯的功率因数。

④灯座：每只日光灯都有两个灯座和一个启辉器座，固定灯管和启辉器用。

表 2-15 是日光灯的常见故障和排除方法。

表 2-15　　　　　　　　　　日光灯的常见故障和排除方法

故障现象	故障原因	排除方法
灯管不发光	①无电源	验明是否停电，或熔丝烧断
	②灯座触头接触不良，或电路线头松散	重新安装灯管，或重新连接已松散线头
	③启辉器损坏或与基座触头接触不良	检查启辉器、线头，更换启辉器
	④整流器线圈或管内灯丝断裂或脱落	用万用表低电阻挡检测线圈和灯丝是否通路
启辉困难（灯管两端不断闪烁，中间不亮）	①启辉器配用不成套	换上配套的启辉器
	②电源电压太低	调整电路，检查电压
	③环境气温太低	可用热毛巾在灯管上来回熨烫（但要注意安全）
	④整流器配用不成套，启辉电流过小	换上配套的镇流器
	⑤灯管老化	更换灯管
镇流器过热	①镇流器不佳	更换镇流器
	②灯具散热条件差	改善灯具散热条件
镇流器嗡声	镇流器内铁心松动	插入垫片或更换镇流器
灯管两端发黑	①灯管老化	更换灯管
	②启辉不佳	排除启辉系统故障
	③电压过高	调整电压
	④镇流器不配套	换上配套的镇流器

（三）节能灯

节能灯又叫紧凑型荧光灯（国外简称 CFL 灯），它是 1978 年由国外厂家首先发明的，由于它具有光效高（是普通灯泡的 5 倍），节能效果明显，寿命长（是普通灯泡的 8 倍），体积小，使用方便等优点，受到各国人民和国家的重视和欢迎，我国于 1982 年，首先在复旦大学电光源研究所成功研制 SL 型紧凑型荧光灯，二十多年来，产量迅速增长，质量稳步提高，国家已经把它作为国家重点发展的节能产品（绿色照明产品）作为推广和使用。

普通的白炽灯光效率大约在 10lm/W，寿命大约在 1000h，它的工作原理是：当灯接入电路中，电流流过灯丝，电流的热效应，使白炽灯发出连续的可见光和红外线，此现象在灯丝温度升到 700K 即可觉察，由于工作时的灯丝温度很高，大部分的能量以红外辐射的形式浪费掉了，由于灯丝温度很高，蒸发也很快，所以寿命也大大缩短了，大约在 1000h。

节能灯主要是通过镇流器给灯管灯丝加热，大约在 1160K 温度时，灯丝就开始发射电子（因为在灯丝上涂了一些电子粉），电子碰撞氩原子产生非弹性碰撞，氩原子碰撞后获得了能量又撞击汞原子，汞原子在吸收能量后跃迁产生电离，发出253.7nm的紫外线，紫外线激发荧光粉发光，由于荧光灯工作时灯丝的温度在1160K左右，比白炽灯工作的温度2200～2700K低很多，所以它的寿命也大大提高，达到5000h以上，由于它不存在白炽灯那样的电流热效应，荧光粉的能量转换效率也很高，达到50lm/W以上。

节能灯节能主要是通过节能灯管的节能和电子镇流器低功耗的体现，电子镇流器不但要保障节能灯管在它的特性下提供启动电流和启动高压，而且在正常工作时要提高灯管的高频稳定的交流电流。

子情境四　二室一厅配电线路安装、故障排除

能力目标：
（1）能进行开关、插座、灯具、电度表等设备安装；
（2）会进行照明线路敷设。

知识目标：
（1）了解熔断器的常见类型；
（2）熟悉照明线路敷设方法。

【训练项目】二室一厅家居线路的安装、常见故障排除

一、项目目标

（1）能完成家居电路开关底板的安装；
（2）能完成插座、灯具等电器的安装；
（3）掌握导线的布线方法。

二、项目要求

（1）在设计好的板房里把开关箱、开关、插座固定好；
（2）按图纸要求完成线路的连接，实现各个灯具能亮，插座上的电压正常，可供家用电器使用。

三、项目实训仪器、设备及实训材料

（1）二室一厅的板房8套；
（2）常用电工工具2套/组；

(3) 指针式万用表（MF47）或数字式万用表各 1 个/组；
(4) $\Phi15$ 的线管 25m/组，1.5mm² 导线 200m/组，2.5mm² 导线 50m/组。

<h2 style="text-align:center">四、项目实训内容与步骤</h2>

在模拟工作房内进行家居电路的安装，具体可按实际情况作不同的要求。安装完成后由指导教师设置故障点，然后由学生解决问题，查出故障所在处。

任务 1　画出电路原理图及各部件连接图

要求电路从配电箱到电灯、开关及插座构成闭合回路，然后对各器件定位画线。

任务 2　开关底盒、插座的布局，线槽、线管安装

应根据实际需要适当调整或增加开关插座的数量。以 120m² 的三居室为例，比较合适的开关插座数量应该在 50~70 个，线路检查、试送电。

任务 3　导线的敷设、灯具、开关安装

(1) 将电度表空气开关用导线连接起来，在分线盒处、插座处、开关明证电灯处，用导线正确连接电气设备。
(2) 用兆欧表测量导线绝缘电阻，连接点绝缘电阻。
(3) 检查无误后，拉通电源、电灯应亮。如有故障，可用万用表进行检查。

<h2 style="text-align:center">五、思考与分析</h2>

(1) 单管日光灯和双管日光灯在绘制上有何不同？
(2) 如何用图形符号表示灯具的明敷和暗敷？

【知识链接 1】导线的选择及室内配线

<h2 style="text-align:center">一、导线的选择</h2>

（一）制造商的选择

电线电缆属于国家强制认证的"CCC"产品，所以要选择带有此标识的产品，还要注意电线上的产品名称、厂名、商标、规格型号等；例如，一个完整的标识应包括："3C 标志：CCC；产品名称：聚氯乙烯绝缘电线；生产厂名：特变电工股份有限公司新疆线缆厂；商标：新特；电压等级：450/750V；执行标准号及规格型号：227IEC01（BV）2.5"。

（二）电线颜色的选择

根据建筑规范的规定，供电为三相五线制，"A、B、C"三相线分别为："黄色、绿色、红色"，零线为"蓝色"，接地线为"黄/绿双色"。

(三) 载流量的选择

根据用电负荷进行计算，固定布线的 1.5～10mm² 的铜芯线的载流量是截面积的 5 倍，16～25mm² 的铜芯线载流量是截面积的 4 倍；也就是说，1.5mm² 铜芯线能承受 7.5A 的安全电流；4mm² 铜芯线在穿线管中能承受 20A 的安全电流；10mm² 铜芯线在穿线管中能承受 50A 的安全电流；16mm² 铜芯线在穿线管中能承受 84A 的安全电流；25mm² 铜芯线在穿线管中能承受 100A 的安全电流。

所以，照明线选用 BV 或 BVR1.5mm² 的铜芯线，插座线选用 BV 或 BVR2.5mm² 的铜芯线，空调线选用 BV 或 BVR4mm² 的铜芯线，浴霸的电线选用 BVR2.5mm² 的铜芯线，如果有条件，选用 BVR4mm² 的铜芯线是最好的了。

在安装电器配电设备中，经常遇到导线选择的问题，正确选择导线是项十分重要的工作，如果导线的截面积选小了，电器负载大易造成电器火灾的后果；如果导线的截面积选大了，造成成本高，材料浪费。现介绍导线选择口诀，供使用时参考。

"二点五下乘以九，往上减一顺号走。三十五乘三点五，双双成组减点五。条件有变加折算，高温九折铜升级，穿管根数二三四，八、七、六折满载流"。本口诀对各种绝缘载流量（安全电流）不是直接指出，而是"截面乘上一定的倍数来表示，通过运算而得。"即：倍数随截面的增大而减小。

"二点五下乘以九，往上减一顺号走"是说以下的各种截面积铝芯绝缘线，其载流量约为截面数的 9 倍。如 2.5 的导线，载流量为 2.5×9＝22.5（A）以 4mm² 及以上导线的截面积的倍数关系是顺着线号往上排，倍数逐渐减 1，即 4×8, 6×7, 10×6, 16×5, 25×4。"三十五乘三点五，双双成组减点五"说的是 35mm² 的导线载流量为截面的 3.5 倍，即 35×3.5＝122.2（A）从 50mm² 以上的导线，其载流量与截面数的关系变为两个线号成一组，倍数依次减 0.5。即 50～70mm² 导线的载流量为截面数的 3 倍；95～120 mm² 导线载流量是截面积的 2.5 倍；以此类推。"条件有变加折算，高温九折铜升级。"是说若铝芯绝缘明敷在环境温度长期高于 25℃ 的地区，导线载流量可按上述口诀方法算出，然后再打九折。如果铜芯线，它的载流量比铝芯要大一些，如 16mm² 的铜线可按 25mm² 铝线计算。

二、室内配线的技术要求

室内配线不仅要求安全可靠，而且要使线路布置合理、整齐、安装牢固。技术要求如下：

（1）使用导线，其额定电压应大于线路的工作电压；导线的绝缘应符合线路的安装方式和敷设的环境条件。导线的横截面积应能满足供电和机械强度的要求。

（2）配线时应尽量避免导线有接头。除非用接头不可的，其接头必须采用压线或焊接，导线连接和分支处不应受机械力的作用。空在管内的导线，在任何情况下都不能有接头，必要时尽可能将接头放在接线盒探头接线柱上。

(3) 配线在建筑物内安装要保持水平或垂直。配线应加套管保护（塑料或铁水管，按室内配管的技术要求选配），天花板走线可用金属软管，但需固定稳妥美观。

(4) 信号线不能与大功率电力线平行，更不能穿在同一管内。如因环境所限，要平行走线，则要远离 50cm 以上。

(5) 报警控制箱的交流电源应单独走线，不能与信号线和低压直流电源线穿在同一管内，交流电源线的安装应符合电气安装标准。

(6) 报警控制箱到天花板的走线要求加套管理入墙内或用铁水管加以保护，以提高防盗系统的防破坏性能。

三、室内配线安装技术规范

(一) 配线方式

根据敷设方式的不同，通常可将室内配线分为明敷设和暗敷设两种。明敷设指的是将绝缘导线直接敷设于墙壁、顶棚的表面及桁架、支架等处，或将绝缘导线穿于导管内敷设于墙壁、顶棚的表面及桁架、支架等处。暗敷设指的是将绝缘导线穿于导管内，在墙壁、顶棚、地坪及楼板等内部敷设或在混凝土板孔内敷设。室内常用配线方法有：瓷瓶配线、导管配线、塑料护套线配线、钢索配线等。

(二) 配线基本要求

由于室内配线方法的不同，技术要求也有所不同，无论何种配线方法必须符合室内配线的基本要求，即室内配线应遵循的基本原则。

(1) 安全。室内配线及电器、设备必须保证安全运行。

(2) 可靠。保证线路供电的可靠性和室内电器设备运行的可靠性。

(3) 方便。保证施工和运行操作及维修的方便。

(4) 美观。室内配线及电器设备安装应有助于建筑物的美化。

(5) 经济。在保证安全、可靠、方便、美观的前提下，应考虑其经济性，做到合理施工，节约资金。

(三) 配线施工工序

(1) 定位划线。根据施工图纸确定电器安装位置、线路敷设途径、线路支持件及导线穿过墙壁和楼板的位置等。

(2) 预埋支持件。在土建抹灰前对线路所有固定点处应打好孔洞，并预埋好支持件。

(3) 装设绝缘支持物、线夹、导管。

(4) 敷设导线。

(5) 安装灯具、开关及电器设备等。

(6) 测试导线绝缘、连接导线。

(7) 校验、自检、试通电。

注意：(1) 所有的电线要穿入具有阻燃性能的 PVC 穿线管内；

(2) 照明线路要独立；
(3) 插座线路要配装带有漏电保护的小型断路器；
(4) 空调的线路和插座要独立；
(5) 所有线路的输入端均要安装小型断路器。

【知识链接2】照明电路常见故障排除方法

为了便于记忆，可按以下顺口溜的顺序进行："零线火线并排走，零线直接进灯口；火线接在开关上，开关出线接灯头。"

照明电路常因安装不合格或使用不当、年久失修等原因，发生这样或那样的故障，故障发生后，必须通过观察故障现象，找出可能发生的原因和发生故障的位置，针对不同情况，用不同的方法排除故障。

一、故障类别

照明电路的故障归纳起来，主要有三种：即断路、短路和漏电。

（一）断路

如果照明电路中部分电灯不亮或全部电灯不亮，而其他相邻的电路中仍然有电，则说明故障不是停电造成，而是照明电路有断路的可能。产生断路的原因较多，如熔丝熔断、接线桩头松脱、照明线断线、开关没有接通等。检查故障部位时，可按下列顺序：首先检查用户保险盒里的熔丝是否熔断，如果熔丝熔断可能是电路中负载太大，也可能是电路中短路事故，须做进一步检查。如果熔丝未断，则要用测电笔测一下保险盒上接线桩头是否有电。如果没有电，应检查总开关里的熔丝是否熔断。若总开关里的熔丝也未断，则要用测电笔检查总开关的上接线桩头是否有电。如果总开关的上接线桩头没有电，可能是进户线脱落，也有可能是供电部门部分断电。如果只是个别电灯不亮，则应先检查不亮的灯泡内灯丝是否烧断，若灯丝未断，可检查分路保险盒内的保险丝是否熔断。若保险丝未断，则要用测电笔测试一下开关的接线桩头是否有电。若开关接线桩头有电，则应检查灯头里的接线是否良好。如果灯头接线良好，则可能是电路中某处断线，应进一步检查，并给予排除。

（二）短路

发生短路时，电路中部分电灯不亮或全部电灯不亮，这时应检查分路或总干路熔丝是否已熔断。如果换上新的熔丝后，刚合闸又立即熔断，这说明电路中有短路的故障出现，必须查出发生短路的原因，并加以处理后，才可换上熔丝，再合闸通电。发生短路的原因可能是：用电器内接线不好，使火、零两线相触；未用插头，直接把两个线头插入插座时造成碰线；护套线受压后内部绝缘破损造成短接；灯头或开关进水，或绝缘不好的两根电线相碰；用电器内部线圈绝缘层破损;螺口灯头内部松动,致使灯头中心铜片与螺旋套接触等。发生短路时,要先找到短路部位,再根据具体情况将故障排除。

(三) 漏电

电线、用电器及电气装置用久了,绝缘强度会逐渐降低,乃至发生漏电事故。电线的绝缘层、用电器和电气装置的绝缘外壳破了也会引起漏电。即使是很好的绝缘体,受到雨淋或水浸,也可能漏电。发生漏电时往往会出现下列情况:用电度数比平时增多;人体触到建筑物等漏电部位,感到发麻;电线发热;电灯变暗。发生漏电时,如果把电路里的灯泡及所有用电器插头拔下后,电度表铝盘仍然不停地转动,直至将总开关电闸拉开后,铝盘才停止转动。电路漏电时,首先应从灯头、挂线盒、开关、插座等处入手,再检查电线连接处、电线穿墙处、电线转弯处、电线脱落处、双股电线绞合处及容易受潮、腐蚀的地方。如果只发现一两处漏电,只要把漏电的电线换上新线或用电器修好即可。若发现多处漏电,并且发现电线的绝缘层全部变硬发脆,那就要全部换新线了。

二、故障的检查方法

(一) 用测电笔检查断路故障

测电笔实质是电压指示器,在总开关接通、电路带电的情况下,从火线引入端沿着电回路逐点测试。测试过程中原先电笔发光,以后发现在某一点测电笔不发光了,说明这一点与前一点之间存在断路故障。

(二) 用万用表测断路故障

用万用表交流电压250V或500V挡,在带电情况下,从电源引入的两端逐步向负载端测试,发现在哪个地方无电压指示了,说明此处与前处之间存在断路故障。也可用万用表电阻挡在不带电情况下(总开关断开),从负载端向电源引入端逐段逐段地测电阻,原先电阻表有指示,当发现无指示时,也就找到了断路的故障。

(三) 用万用表电阻挡在开路情况下测短路故障

让总开关和电路里所有的分开关都断开,在总开关下两根线的引入端测电阻,如果此时电阻值为零,说明分开关前的总线上短路;如果无发现短路,可分别逐个闭合分开关,当合上某个分开关、电阻指示为零时,说明这个支电路上有短路现象。

(四) 用挑担灯(也叫校火灯)检查短路

让总开关和电路里所有的电灯开关都断开,拔下控制火线的用户保险盒的插盖(另一只保险盒不可拔下),取一只大功率灯泡把灯头两端连线分别接在这只保险盒的上下两个接线桩头上,使这盏电灯串联在电路里。这种连接法叫"挑担灯"。推上总开关,使电路通电,如果这时灯泡正常发光,说明总开关到各分开关之间存在短路;如果这时灯泡不亮,分别逐个合上各个电灯分开关。当合上某一分开关时,发现"挑担灯"与这路电灯都发光,但比较暗,说明这一路安装正确;当合上某一分开关时,发现这一路电灯不亮,而"挑担灯"发光明亮,则说明这一分电路发生短路。"挑担灯"的接法见图2-46。

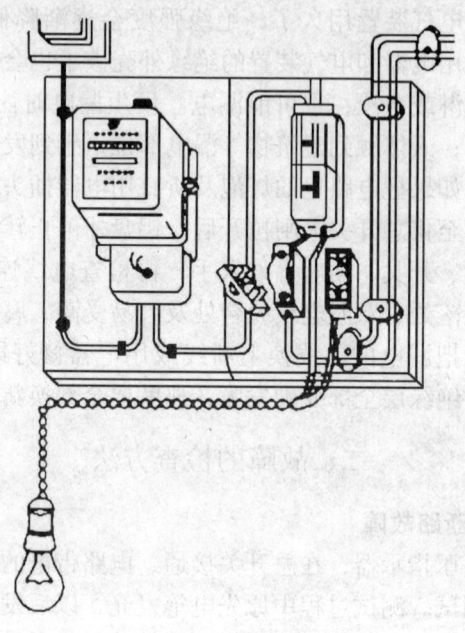

图2-46 "挑担灯"接法

习 题 二

2.1 使用验电笔时为什么手指必须接触笔尾金属体?

2.2 兆欧表的选用原则是什么?

2.3 正弦交流电的三要素是什么?

2.4 求出下列正弦量所对应的相量。

(1) $i_1 = 2\sqrt{2}\sin(\omega t + 45°)$;

(2) $i_2 = -10\sin\omega t$。

2.5 有两个相同频率的正弦电压,为

$$u_1 = 100\sqrt{2}\sin\omega t$$

和 $u_2 = 150\sqrt{2}\sin(\omega t - 120°)$。求 $u_1 + u_2$。

2.6 同一三相负载采用三角形联结,接于线电压为220V的三相电源上,以及采用星形联结,接于线电压为380V的三相电源上,试求这两种情况下,三相负载的相电流的比值。

2.7 把电阻 $R=3\Omega$、电抗 $X_L=4\Omega$ 的线圈接在 $f=50\text{Hz}$、$U=220\text{V}$ 的交流电路中,要求:①计算电流 I;②计算电压的有功分量 U_R,电压的无功分量 U_L,有功功率 P,无功功率 Q_L,视在功率 S;③作出矢量图。

2.8 有一三相对称负载,其各相电阻等于 10Ω,负载的额定相电压为 220V,现将它接成星形,接在线电压 $U_l=380\text{V}$ 的三相电源上,求:相电流 I_P、中线电流 I_N 和总功率 P。

2.9 已知灯管等效电阻 R 为 260Ω,镇流器内阻 r 为 30Ω,电感量 L 为 1.9H。外加 $U=220\text{V}$,$f=50\text{Hz}$ 电源,如图 2-47 所示。求:I、U_{RL}、U_R 及 $\cos\phi$。

2.10 已知 $U_{AB}=380\text{V}$,$Z_1=(4+\text{j}3)\ \Omega$,$Z_2=10\underline{/0°}\Omega$,求电流表 A1 和 A2 的读数。

2.11 已知 $U_{AB}=380\text{V}$,$Z_1=Z_2=Z_3=(4+\text{j}3)\ \Omega$,求电流表 A1 的读数,如果 AB 相负载 Z_3 断开,问读数有无变化?为什么?

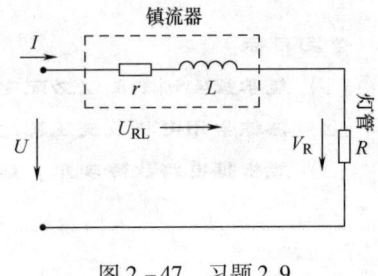

图 2-47 习题 2.9

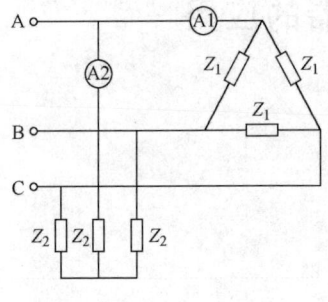

图 2-48 习题 2.10

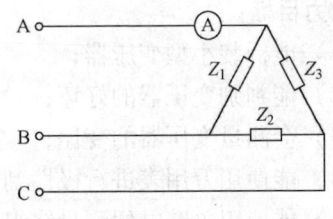

图 2-49 习题 2.11

2.12 已知三个工频正弦电压 u_1、u_2、u_3 的有效值均为 380V,初相角分别为 $\psi_1=0°$,$\psi_2=-120°$,$\psi_3=120°$,要求:
(1) 写出 u_1、u_2、u_3 的瞬时值表达式;
(2) 画出它们在直角坐标中的波形图;
(3) 画出 u_1、u_2、u_3 的相量图。

2.13 为了人身和财产安全,在家里用电要注意的事项有哪些?

2.14 当发现有人违规用电的时候不小心触电了该怎么办?

2.15 请观察电工技能实训室有哪些照明灯具?数量有多少?如每天开 3h,一个月要用多少度电?

2.16 普通的家庭照明所选用的铜线是多大面积比较合理?为什么?

2.17 室内配线的技术要求是什么?

学习情境三　实训车间动力配电及设备维修

学习目标：
（1）能掌握实训车间动力配电系统的设计；
（2）熟练常用电机及变压器的维修；
（3）能根据电路故障现象，解决电机控制电路中常见的问题。

子情境一　变压器的应用

能力目标：
（1）能拆装小型变压器；
（2）能判别变压器的好坏；
（3）会测量变压器的变比；
（4）能使用万用表进行极性判别；
（5）能使用单臂电桥测量绕组直流电阻。

知识目标：
（1）了解变压器工作原理、结构；
（2）了解变压器的组别、铭牌数据意义；
（3）掌握同名端的两种不同判别方法；
（4）掌握变压器高低压线圈匝数计算；
（5）掌握兆欧表的使用方法、注意事项。

【训练项目1】变压器的拆装、检测及同名端判别

一、项目目标

（1）能进行变压器的拆装，并恢复正常；
（2）能判别变压器的同名端；

(3) 掌握制作变压器的步骤，方法，铁心的选取，线圈线径的选取等；
(4) 掌握工艺要求，了解其对变压器的影响。

二、项目要求

(1) 能熟练使用单臂电桥测量绕组直流电阻；
(2) 掌握同名端测试的基本方法。

三、项目实训仪器、设备及实训材料

(1) 指针式万用表（MF47）或数字式万用表各1个；
(2) 变压器各1台/组；
(3) 电工常用工具1套/组；
(4) QJ–23单臂电桥10个；
(5) 连接导线若干。

四、项目实训内容与步骤

任务1　单相变压器的拆装、检测

一些初学者面对变压器，不知如何下手，才能妥善拆下铁心，而且不伤及线圈和骨架。有采用破坏性的拆卸方式——用钢锯来锯开线包，或者用錾子錾开线包。

这里介绍一个简单而有效的方法，只需要一把平口起子和一把老虎钳，当然，如果有小台虎钳更好。如果有台钳，就把变压器夹在上面，不是全夹，夹住大部分，留出若干片铁心（至少3~5片）不夹。没有台钳，可以找块木板，把变压器放在上面，边缘也是留出几片铁心的位置悬空，如图3–1。

图3–1　放置变压器

接下来用起子对着最外面的一两片铁心,用老虎钳敲起子,开始不要用蛮力,在铁心两端敲击后,最外侧的铁心开始松动。当然,没有台钳,就可以请人从上面按住变压器,或者自己用脚踩住,如图3-2。

起子的角度要适当,使力量集中在最外面的一两片铁心上,切记不要对多片铁心同时用力如图3-3。在适当的敲击之下,外侧铁心就产生位移,这就是良好的开端。注意,第一片是最难敲的,不能太用劲,否则会造成损伤。

图3-2 固定变压器

最外面的铁心松动了,开始产生位移。如图3-4。

图3-3 敲击最外层铁心　　　　　　图3-4 用起子继续撬动

接下来用起子慢慢连敲带撬,让那一两片铁心加大位移,直到从线包中完全脱离出来。如图3-5。

把对侧的那两片也敲出来,这下铁心就没有那么紧了,重复上面的步骤,再敲出一两片来,就不会很困难了。如图3-6。

接下来把铁心撬松,这时就可以很简单地取出其余的铁心了,如图3-7。

这时用简单的工具就可以完整地拆下简单变压器的铁心和线包,如图3-8。

图 3-5 使最外层铁心脱离

图 3-6 敲出最外层几片铁心

图 3-7 敲出更多铁心

图 3-8 铁心和线圈完全脱离

任务 2 变压器线圈极性测定

(1) 同极性端的标记

变压器同极性端的标记如图 3-9 所示。

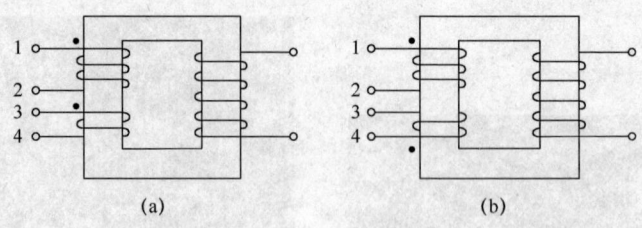

图 3-9 变压器极性

（a）正接 （b）反接

（2）同极性端的测定

毫安表的指针正偏，表明 1 和 3 是同极性端；反偏，表明 1 和 4 是同极性端（图 3-10）。

用交流法测量，$U_{13}=U_{12}-U_{34}$ 时 1 和 3 是同极性端；$U_{13}=U_{12}+U_{34}$ 时 1 和 4 是同极性端（图 3-11）。

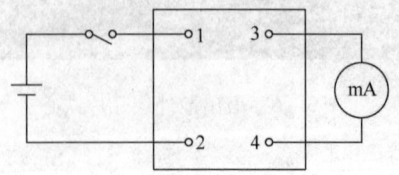
图 3-10 直流法测量

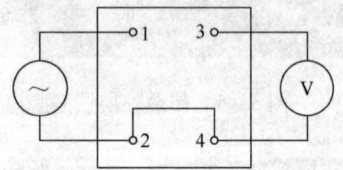
图 3-11 交流法测量

五、思考与分析

（1）常见的变压器有哪些类型？
（2）分析变压器的结构与特点。
（3）变压器绕制时需要什么材料？
（4）测量同名端时要注意什么问题？

【训练项目 2】变压器的检测

一、项目目标

（1）掌握电力变压器的检测方法；
（2）能检测变压器质量。

二、项目要求

（1）能熟练应用测量工具检测变压器；

(2) 了解三相变压器的绕制方法。

三、项目实训仪器、设备及实训材料

(1) 三相变压器 10kVA, 2 台;
(2) 记录表 1 份/组;
(3) 套筒工具 2 套;
(4) 摇表、万用表、单、双臂电桥(QJ23A, QJ57)等;
(5) 0.5 级电压表 2 个。

四、项目实训内容与步骤

任务1 变压器绝缘电阻测量

大型变压器因为对地电容较大,对其摇测绝缘电阻或吸收比时要遵守操作规程,否则容易损坏测试设备或使人受到电击。

测试绝缘电阻的步骤是:

(1) 必须 2 人操作,测试线必须用绝缘屏蔽线,其中屏蔽线的芯线接兆欧表的 L 端,屏蔽层接 E 端,G 端接地。

(2) 如遇潮湿天气进行绝缘试验应在变压器套管外做屏蔽环,并使屏蔽环接屏蔽端,以排除外绝缘泄漏对测量值的影响。

(3) 测试时一人均匀摇动兆欧摇表,当指针指向无穷大时,另一人将测试线的芯线搭通被试变压器的套管,等到表针读数稳定,读取绝缘电阻值。

(4) 断开被测变压器的测试线,兆欧表缓慢停止摇动。

(5) 用接地线将被试变压器的套管短路放电。

测试吸收比的操作方法与绝缘电阻类似,只是应在接通变压器时 15s 读数得 R_{15},再在 60s 读数得 R_{60},R_{60}/R_{15} 即为吸收比。

任务2 变压器直流电阻测量

用直流电桥测变压器电阻的方法较繁并且很慢。

(1) 先在电桥上接好 P1 C1 和 P2 C2,再将 P1 C1 和 P2 C2 两组线分别接到变压器被测线圈两端并接牢靠(P1 P2 和 C1 C2 分别为电压和电流的输出线,P1C1 和 P2C2 各为一组);

(2) 打开电桥上的电源开关;按下电桥上的充电按钮,1~5min 后观察电流是否充电合格;

(3) 选好刻度盘倍率及量程,间歇性的按下测试按钮,边调电阻的调整旋钮边观察检流计上的电流,直到指针指到 0 位为止;

(4) 退出测试按钮,利用倍率刻度盘和旋转刻度盘的值算出变压器线圈电阻的大小;

(5) 完毕后退出所有按钮,断开电源开关;

（6）其他两相的电阻按相同方法测量；

（7）比较三次测量的阻值是否一致，误差不大表示合格，误差较大考虑是否分接头没调到位或变压器内部有匝间短路现象。

当然电桥的型号不同，测量方法也有所不同，但大同小异。在使用电桥的时候还有许多注意事项，操作不好可能会损坏电桥的。

任务3　测量变压器的变比

（1）变压器的高压侧加数值（220V）稳定交流电压，记录电压值；

（2）用0.5级的电压表测出低压侧感应出相应的电压值；

（3）再根据电压表的读数，算出变比 K。

变比 $K = U_1/U_2 = N_1/N_2$

U_1——变压器一次额定电压；

U_2——变压器二次额定电压；

N_1——变压器一次绕组匝数；

N_2——变压器二次绕组匝数。

五、思考与分析

（1）常用电桥有哪些类型？测试时应注意什么问题？

（2）单臂直流电桥测量电感线圈的直流电阻时，如何操作？

（3）如何用万用表判断变压器的好坏？

【知识链接】变压器的原理、种类、检测

变压器是根据电磁感应原理工作的一种常见的电气设备，在电力系统和电子线路中应用广泛。它的基本作用是将一种等级的交流电变换成另外一种等级的交流电。在电力和电子线路中，变压器都有广泛应用。

一、变压器基本组成

变压器基本组成部分均为闭合铁心和线圈绕组，如图3－12。铁心构成变压器的磁路，一般由0.35~0.55mm的表面绝缘的硅钢片交错叠压而成。绕组即线圈，是变压器的电路部分，用绝缘导线绕制而成，有原边绕组、副边绕组之分。

变压器的三种功能：$\dfrac{U_1}{U_2} = \dfrac{N_1}{N_2} = K$

（变压

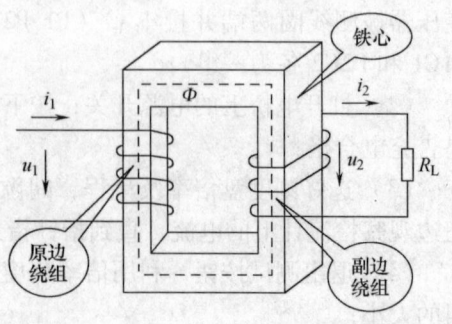

图3－12　变压器的结构示意图

$$\frac{I_1}{I_2} = \frac{N_2}{N_1} = \frac{1}{K} \quad (变流)$$

$$Z'_L = K^2 Z_L \quad (变阻抗)$$

式中 K 称为变压器的变比，亦即原、副绕组的匝数比。可见，当电源电压 U_1 一定时，只要改变匝数比，就可得出不同的输出电压 U_2。

$K > 1$，为降压变压器；

$K < 1$，为升压变压器。

变比在变压器的铭牌上注明，它通常以"6000V/400V"的形式表示原、副绕组的额定电压之比，此例表明这台变压器的原绕组的额定电压 $U_{1N} = 6000V$，副绕组的额定电压 $U_{2N} = 400V$。

所谓副绕组的额定电压是指原绕组加上额定电压时副绕组的空载电压。由于变压器有内阻抗压降，所以副绕组的空载电压一般应较满载时的电压高 5% ~ 10%。

变压器中的电流虽然由负载的大小确定，但是原、副绕组中电流的比值是基本上不变的；因为当负载增加时，I_2 和 $I_2 N_2$ 随着增大，而 I_1 和 $I_1 N_1$ 也必须相应增大，以抵偿副绕组的电流和磁动势对主磁通的影响，从而维持主磁通的最大值近于不变。

变压器的额定电流 I_{1N} 和 I_{2N} 是指变压器在长时连续工作运行时原、副绕组允许通过的最大电流，它们是根据绝缘材料允许的温度确定的。

注意，变压器副绕组的额定电压与额定电流的乘积称为变压器的额定容量，即 $S_N = U_{2N} I_{2N}$（单相）它是视在功率（单位是伏安），与输出功率（单位是瓦）不同。

二、介绍几种常用特殊变压器

（一）自耦变压器

自耦变压器的构造如图 3 – 13 所示。在闭合的铁心上只有一个绕组，它既是原绕组又是副绕组。低压绕组是高压绕组的一部分。

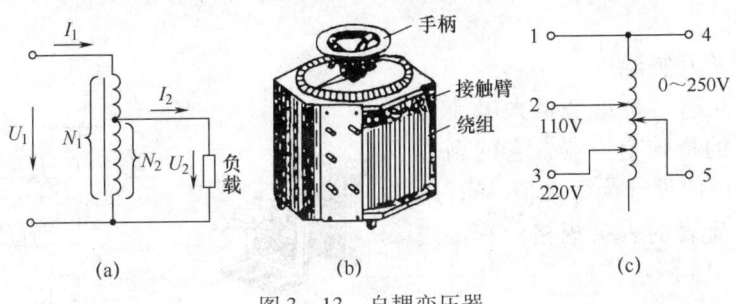

图 3 – 13 自耦变压器
(a) 符号 (b) 外形 (c) 实际电路

电压比、电流比为 $U_1/U_2 = N_1/N_2 = K$，$I_1/I_2 = N_2/N_1 = 1/K$。

自耦变压器常用于调节电炉炉温，调节照明亮度，起动交流电动机以及用于

实验和在小仪器中。使用时应当注意:

(1) 在接通电源前,应将滑动触头旋到零位,以免突然出现过高电压。

(2) 接通电源后应慢慢地转动调压手柄,将电压调到所需要的数值。

(3) 输入、输出边不得接错,电源不准接在滑动触头侧,否则会引起短路事故。

(二) 仪用互感器

仪用互感器是专供电工测量和自动保护的装置,使用仪用互感器的目的在于扩大测量表的程,为高压电路中的控制设备及保护设备提供所需的低电压或小电流并使它们与高压电路隔离,以保证安全。仪用互感器包括电压互感器和电流互感器两种。

1. 电压互感器

电压互感器的副边额定电压一般设计为标准值100V,以便统一电压表的表头规格。其接线如图3-14所示。

电压互感器原、副绕组的电压比也是其匝数比为 $U_1/U_2 = N_1/N_2 = K_u$。

若电压互感器和电压表固定配合使用,则从电压表上可直接读出高压线路的电压值。使用时应当注意:

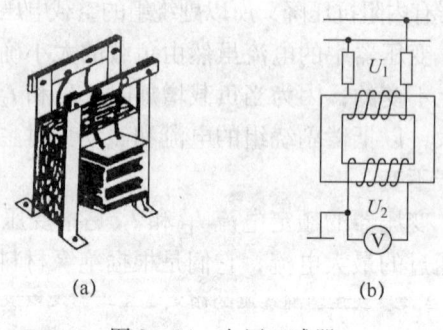

图3-14 电压互感器
(a) 构造 (b) 接线图

(1) 电压互感器副边不允许短路,因为短路电流很大,会烧坏线圈,为此应在高压边将熔断器作为短路保护。

(2) 电压互感器的铁心、金属外壳及副边的一端都必须接地,否则万一高、低压绕组间的绝缘损坏,低压绕组和测量仪表对地将出现高电压,这对工作是非常危险的。

2. 电流互感器

电流互感器是用来将大电流变为小电流的特殊变压器,它的副边额定电流一般设计为标准值5A,以便统一电流表的表头规格。其接线图如图3-15所示。

电流互感器的原、副绕组的电流比仍为匝数的反比,即:$I_1/I_2 = N_2/N_1 = 1/K_u$。

若安培表与专用的电流互感器配

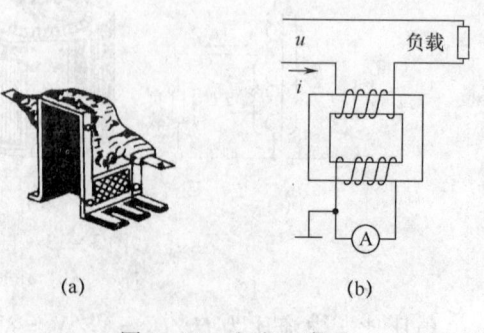

图3-15 电流互感器
(a) 构造 (b) 接线图

套使用,则安培表的刻度就可按大电流电路中的电流值标出。使用时应当注意:

(1) 电流互感器的副边不允许开路。

(2) 副边电路中装拆仪表时,必须先使副绕组短路,并在副边电路中不允许安装保险丝等保护设备。

(3) 电流互感副绕组的一端以及外壳、铁心必须同时可靠接地。

(三) 汽车上使用的变压器

汽车上最常见的变压器就是点火线圈,它能将汽车电源系统提供的低压,变为高达几千伏甚至上万伏的高压,用于点燃发动机内的汽油混合气。除了点火线圈以外,现在汽车上还安装有基于变压器原理的传感器。下面以可变电感式进气压力传感器来说明。

如图 3-16 所示,当振荡器输出的交流电通过一次线圈 W_1,由于互感作用,使二次线圈 W_2 产生输出电压,其大小取决于两线圈的耦合情况。耦合越紧,输出电压越大。因此,当铁心向两线圈中间移动时,输出信号就会增强。

在可变电感式进气压力传感器中,铁心与线圈的相对位置由膜盒控制。进气歧管绝对压力升高时,膜盒收缩,使铁心向线圈中部移动,这时输出信号增强。

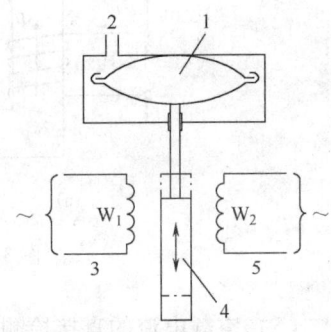

图 3-16 可变电感式进气压力
传感器示意图
1—膜盒 2—进气管 3——次线圈
4—铁心 5—二次线圈

三、检测变压器

(1) 通过观察变压器的外貌来检查其是否有明显异常现象。如线圈引线是否断裂、脱焊,绝缘材料是否有烧焦痕迹,铁心紧固螺杆是否有松动,硅钢片有无锈蚀,绕组线圈是否有外露等。

(2) 绝缘性测试。用万用表 $R \times 10k$ 挡分别测量铁心与初级,初级与各次级、铁心与各次级、静电屏蔽层与次级、次级各绕组间的电阻值,万用表指针均应指在无穷大位置不动。否则,说明变压器绝缘性能不良。

(3) 线圈通断的检测。将万用表置于 $R \times 1$ 挡,测试中,若某个绕组的电阻值为无穷大,则说明此绕组有断路性故障。

(4) 判别初、次级线圈。电源变压器初级引脚和次级引脚一般都是分别从两侧引出的,并且初级绕组多标有 220V 字样,次级绕组则标出额定电压值,如 15V、24V、35V 等。再根据这些标记进行识别。

注意:变压器绕组是有极性的,需分辨同名端。如图 3-17 (a) 所示电流从 1 端和 3 端流入(或流出)时,产生的磁通的方向相同,两个绕组中的感应电动势的极性也相同,则 1 和 3 两端称为同名端,标以记号"·",2 和 4 两端是同名端。

如果连接错误,譬如串联时将2和4两端连在一起,将1和3两端接电源,如图3-17(b)所示。这样,铁心中两个磁通就互相抵消,两个感应电动势也互相抵消,接通电源后,绕组中将流过很大的电流,把变压器烧毁。因此必须按照绕组的同极性端才能正确连接。绕组的同名端一般可用图3-17(c)的图形表示。

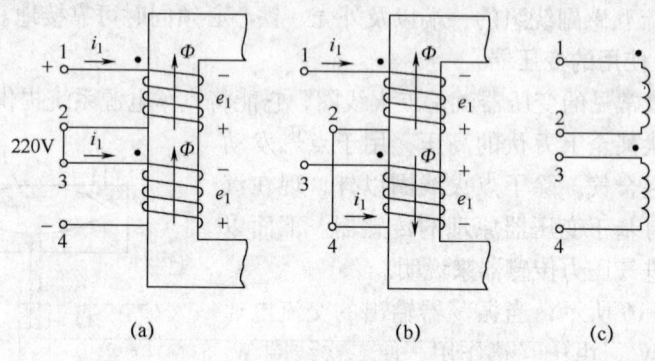

图3-17 变压器绕组的同名端

(5)空载电流的直接检测。将次级所有绕组全部开路,把万用表置于交流电流挡500mA,串入初级绕组。当初级绕组的插头插入220V交流市电时,万用表所指示的便是空载电流值。此值不应大于变压器满载电流的10%~20%。一般常见电子设备电源变压器的正常空载电流应在100mA左右。如果超出太多,则说明变压器有短路性故障。

(6)空载电压的检测。将电源变压器的初级接220V市电,用万用表交流电压挡依次测出各绕组的空载电压值(u_{21}、u_{22}、u_{23}、u_{24})应符合要求值。

子情境二 三相功率计量

能力目标:
(1)能完成DT862电度表的安装;
(2)会计算用电量;
(3)能选用电流互感器。

知识目标:
(1)了解互感器工作原理、接线注意事项;
(2)熟悉三相交流电的线电压、相电压;
(3)掌握线电压、相电压数值关系;
(4)掌握三相交流电的相量表示法;

(5) 掌握互感器的接线形式。

【训练项目1】DT862 三相电度表直接计量接线

一、项目目标

(1) 能完成一个三相电度表接入三相电路中的接线；
(2) 能绘制三相电压、电流的相量图；
(3) 掌握三相功率的测量计算。

二、项目要求

(1) 电度表接线完成后能进行三相功率的计量；
(2) 会选择不同要求的电度表。

三、项目实训仪器、设备及实训材料

(1) 指针式万用表（MF47）和数字式万用表各1个；
(2) 电工实验台1台；
(3) 电工常用工具1套/组；
(4) DT862 电度表1个/组；
(5) 连接导线若干。

四、项目实训内容与步骤

任务1　完成三相电度表接线和功率计量

(1) 画出三相电度表的接线图；
(2) 按接线图3-18进行连线；

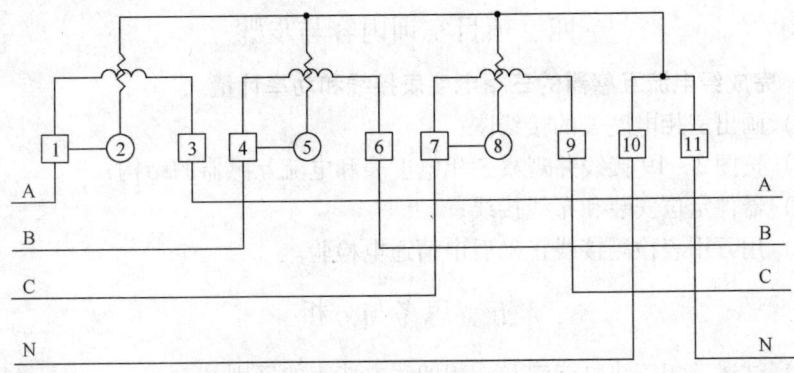

图3-18　三相电度表的连接

（3）测量电源端及负荷端各相电压及线电压并进行比较。

任务 2　三相电压、电流相量图绘制

五、思考与分析

（1）试述单相电能表和三相四线电能表的区别。
（2）三相电度表的读数如何计算？

【训练项目 2】电流互感器与三相电度表安装接线

一、项　目　目　标

（1）能完成三个电流互感器及三个单相电度表的接线；
（2）能用一个三相电度表接入三相电路中；
（3）掌握三相功率的测量计算。

二、项　目　要　求

（1）电度表接线完成后能进行三相功率的计量；
（2）会选择不同要求的电流互感器。

三、项目实训仪器、设备及实训材料

（1）指针式万用表（MF47）或数字式万用表各 1 个；
（2）电工实验台 1 台；
（3）电工常用工具 1 套/组；
（4）电流互感器 30/5 3 个/组；
（5）DT862 电度表 1 个/组；
（6）连接导线若干；
（7）DD862 电度表 3 个/组。

四、项目实训内容与步骤

任务 1　完成经电流互感器的三相电度表接线和功率计量
（1）画出三相电度表的接线图；
（2）按图 3-19 接线并观察三相电度表和电流互感器的结构；
（3）器件定位安装和布线接线；
（4）用万用表检测接线正确后申请通电检验。

五、思考与分析

（1）试述三相三线电能表和三相四线电能表的区别。
（2）三相电度表有哪些接线方法？

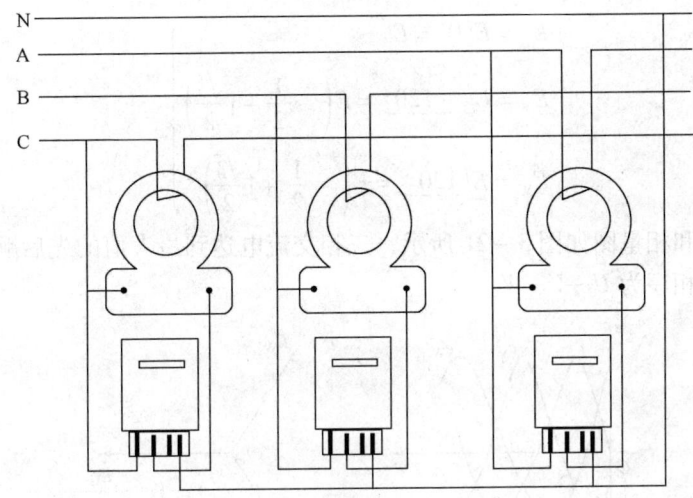

图 3-19 三只单相电度表的连接

【知识链接】三相电路知识

工业及民用交流电的产生、输送、分配几乎全部采用三相制。

一、三相交流电源

(一) 对称三相交流电源的产生

三相交流电动势是由三相交流发电机产生的。图 3-20 是发电机的原理示意图。三组完全相同的线圈 U_1-U_2, V_1-V_2, W_1-W_2（定子电枢绕组）放置在彼此间隔 120°的发电机定子铁心凹槽里固定不动。转子铁心上绕有励磁绕组，通入直流电后产生磁场，该磁场磁感应强度在定子与转子之间的气隙中按正弦规律分布。当转子由原动机带动，并以角速度 ω 匀速顺时针旋转时，每个定子绕组（称相）依次切割磁力线产生频率相同、幅值相同

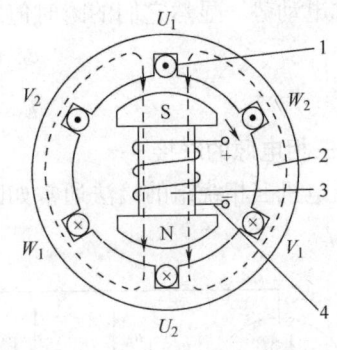

图 3-20 三相交流发电机的原理示意图
1—定子绕组　　2—定子铁心
3—磁极（转子）　4—励磁绕组

的正弦电动势 e_U、e_V、e_W，但相位角依次相差 120°，以 U 相为参考表示为：

$$\left.\begin{aligned} e_U &= E_m \sin\omega t \\ e_V &= E_m \sin(\omega t - 120°) \\ e_W &= E_m \sin(\omega t - 240°) = E_m \sin(\omega t + 120°) \end{aligned}\right\} \quad (3-1)$$

用相量表示：

$$\left.\begin{aligned}\dot{E}_\mathrm{U} &= \dot{E}\underline{/0°} = E \\ \dot{E}_\mathrm{V} &= \dot{E}\underline{/-120°} = E\left(-\frac{1}{2} - \mathrm{j}\frac{\sqrt{3}}{2}\right) \\ \dot{E}_\mathrm{W} &= \dot{E}\underline{/120°} = E\left(-\frac{1}{2} + \mathrm{j}\frac{\sqrt{3}}{2}\right)\end{aligned}\right\} \qquad (3-2)$$

波形图和相量图如图 3-21 所示，三相交流电达到最大值的先后顺序称为相序，图中的相序为 U—V—W。

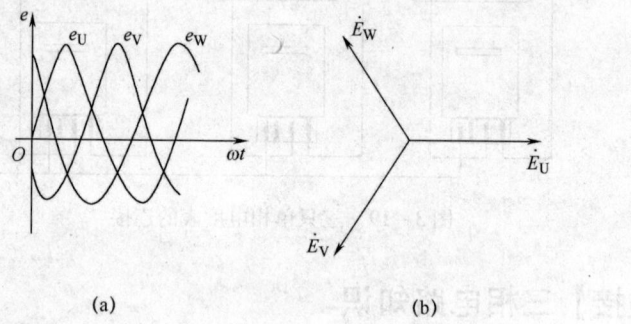

图 3-21 三相电动势的正弦波形图及相量图
（a）波形图　（b）相量图

三相电动势的幅值相等，频率相同，彼此间的相位差也相等，这种电动势称为对称电动势。显然它们的瞬时值之和或相量之和均为 0。

$$\left.\begin{aligned}e_\mathrm{U} + e_\mathrm{V} + e_\mathrm{W} &= 0 \\ \dot{E}_\mathrm{U} + \dot{E}_\mathrm{V} + \dot{E}_\mathrm{W} &= 0\end{aligned}\right\} \qquad (3-3)$$

（二）三相电源的联接

发电机三相绕组的接法通常如图 3-22（a）所示，即将三个末端联在一起，

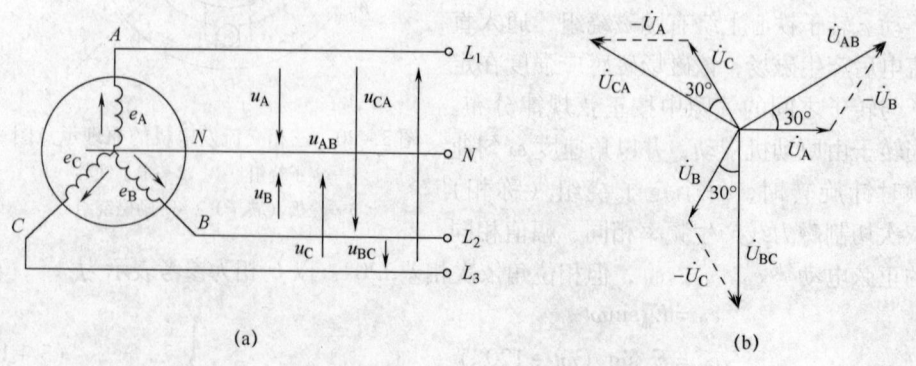

图 3-22　发电机的星形连接及其电压相量图
（a）发电机三相绕组的接法　（b）发电机三相电压相量图

这一连接点称为中点或零点，用 N 表示。这种联接方法称为星形连接。从中点引出的导线称为中线，从始端 A、B、C 引出的三根导线 L_1、L_2、L_3 称为相线或端线，俗称火线。

在图 3-22（a）中，每相始端与末端间的电压，亦即火线与中线间的电压，称为相电压，其有效值用 U_A、U_B、U_C 或一般地用 U_P 表示。而任意两始端间的电压，亦即两火线间的电压，称为线电压，其有效值用 U_{AB}、U_{BC}、U_{CA} 或一般地用 U_l 表示。

各项电动势的正方向，如前所述，选定为自绕组的末端指向始端，相电压的正方向选定为自末端指向始端（中点）；线电压的正方向，例如 U_{AB} 是指 A 端指向 B 端，即端线 L_1 与 L_2 之间的电压。

当发电机的绕组联成星形时，相电压和线电压显然是不相等的。现在来确定它们之间的关系，在图 3-22（b）中，A、B 两点间的电压的瞬时值等于 A 相电压和 B 相电压之差，即

$$U_{AB} = U_A - U_B$$

同理得到

$$U_{BC} = U_B - U_C$$
$$U_{CA} = U_C - U_A \tag{3-4}$$

由于发电机绕组上的内阻抗电压降低与相电压比较是很小的，可以忽略不计，于是相电压和对应的电动势基本上相等，因此可以认为相电压同电动势一样，也是对称的，故由相电压而得出的线电压也是对称的，在相位上比相应的相电压超前 30°。

至于线电压和相电压在大小上的关系也很容易从相量图上得出：

$$U_l = U_P \cos 30° = \sqrt{3} U_P$$

由此得

$$U_l = \sqrt{3} U_P \tag{3-5}$$

发电机（或变压器）的绕组在联成星形时，可引出四根导线（三相四线制），这样就有可能给予负载两种电压。通常在低压配电系统中相电压为 220V，线电压为 380V。发电机（或变压器）的绕组在联成星形时，不一定都引出中线。

二、三相负载的联接方法

日常使用的各种电器根据其特点可分为单相负载和三相负载两大类。照明灯、电扇、电烙铁和单相电动机等都属于单相负载。三相交流电动机、三相电炉等三相用电器属于三相负载。另外分别接在各相电路上的三组单相用电器也可以组成三相负载。三相负载的阻抗相同（数值相等，性质一样）则称为三相对称负载，反之称为不对称负载。三相负载有Y形和△形两种联接方法，各有其特

点，适用于不同的场合，应注意不要搞错，否则会酿成事故。

（一）三相对称负载的Y形联接

该电路的基本联接方法如图3-23（a）所示，三相交流电源（变压器输出或交流发电机输出）有三根火线接头A、B、C，一根中性线接头N。火线与中性线之间的相电压为220V。对于三相对称负载，只需接三根火线，中性线悬空得到，如图3-23（b）。

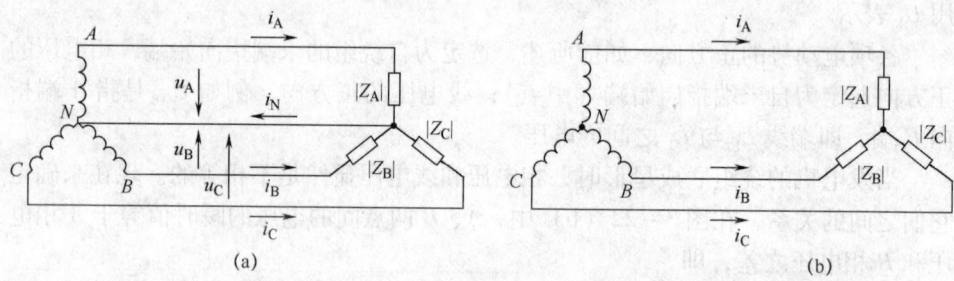

图3-23 对称负载的Y联接

该电路具有如下特点：

（1）由于三相负载对称，在三相对称电压的作用下负载中的三相电流也是对称的，而三相对称电流的和为零（矢量和），所以不需接中线，三相电流依靠端线和负载互成回路。由于电路是对称的，故电路的计算可以简化为单相电路的计算。

（2）各相负载承受的电压为电源的相电压，大小为220V。

（3）各相负载的线电流 I_l 与相电流 I_P 相等，即：$I_l = I_P = U_P/Z_P$，式中 Z_P 为每相负载阻抗。

（4）各相支路中电压与电流的相位差相等，大小为 $\phi_P = \cos^{-1}(R/Z)$。

（5）各相负载取用的功率相等，电路的总功率为 $P = 3U_P I_P \cos\phi_P$。

例3-1：某办公楼有220V、30W的日光灯660个，日光灯功率因数 $\cos\varphi = 0.5$，怎样接入线电压为380V的三相四线制电路？负载对称情况下的线电流是多少？

解：660个日光灯应均匀分配到三相中，每相有220个日光灯并联，等效为一个阻抗 Z（Z可表示为 $R + jX$），如图3-24所示，这种接法称为负载的星形联接。当各相负载阻抗相等时，称为对称负载。

三相电路中，每相负载的电流 I_P 称为相电流，每根相线中的电流 I_l 称为线电流。对称负载

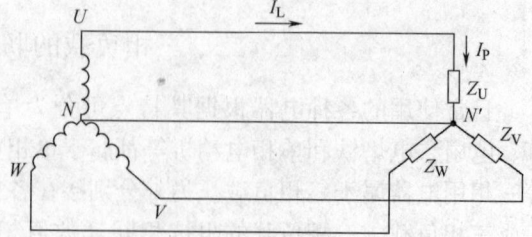

图3-24 三相星形负载接线

为星形联接时，线电流等于相电流，即
$$I_P = I_L$$
本题中，当日光灯负载对称时，每相电流为：
$$I_P = 220 \times \frac{P}{U_P \cos\varphi} = 220 \times \frac{30}{220 \times 0.5} = 60 \text{ （A）}$$
可得所求线电流为：
$$I_L = I_P = 60\text{A}$$

（二）三相不对称负载的Y形联接

工程实际使用中遇到的问题是将许多单相负载分成容量大致相等的三相，分别接到三相电源上，这样构成的三相负载通常是不对称的。对于这种电路，需要使用三相四线制。该电路具有如下特点：

由于三相负载不对称，三相电流也不对称，其三相电流的和不为零，必须引一根中线供电流不对称部分流过，即必须用三相四线制。

由于中性线的作用，电路构成了相互独立的回路。不论负载有无变动，各相负载承受的电源相电压不变，从而保证了各相负载的正常工作。

如果没有中线，或者中线断开了，虽然电源的线电压不变，但各相负载承受的电压不再对称。有的相电压增高了，有的相电压降低了。这样不但使负载不能正常工作，有时还会造成事故。

一般情况下，中线电流小于端线电流，通常取中线的横截面积小于端线的横截面积。通过分析得到，三相不对称负载的各相支路的计算需要分别进行。

例3-2：图3-25为由白炽灯组成的三相不对称负载电路。A相负载为两个220V、60W的灯泡，B相负载为6个220V、60W的灯泡。试分析中线断开、C相负载开路和短路时，A相和B相负载的变化情况。

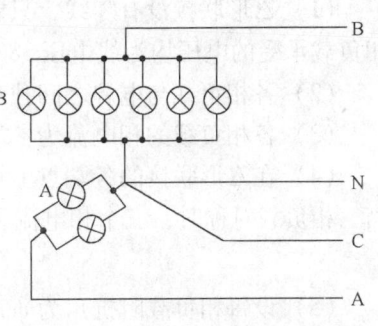

图3-25　三相不对称负载电路

解：中线断开，C相开路时，R_A 和 R_B 串联后接在 U_{AB} 上。

因为
$$U_A = [R_A/(R_A + R_B)] \times U_{AB}$$
$$= [R_A/(R_A + R_A/3)] \times 380$$
$$= 285(\text{V})$$

所以
$$U_B = 380 - 285 = 95 \text{ （V）}$$

A相负载承受的电压高于额定电压，灯泡很快就会被烧坏。而B相负载承受的电压低于额定电压，灯泡不能正常工作。中线断开，C相负载短路时，A相和B相分别接到 U_{BC}、U_{CA} 上，均承受380V的电压，灯泡很快烧坏。

结论:

三相交流电路中,三相负载有星形和三角形两种联接方法。对于对称三相电路,线电压与相电压、线电流与相电流及三相电路的功率有简单的计算关系。在三相四线制系统中,普遍存在的是大量不对称三相负载,应特别注意中性线的作用与意义。

(三) 三相负载的三角形联接

当用电设备的额定电压为380V时,负载电路应按△形联接。△形联接的电路如图3-26所示。

图3-26 三相负载的三角形联接

该电路的特点是:

(1) △形联接没有零线,只能配接三相三线制电源,无论负载平衡与否各相负载承受的电压均为线电压380V;

(2) 各相负载与电源之间独自构成回路,互不干扰;

(3) 各相负载的相电流为: $I_P = U_P/|Z| = U_l/|Z|$;

(4) 在△形联接的各端点上均有三条支路,所以线电流 I_l 不等于相电流 I_p,当三相负载对称时,三个相电流和三个线电流都对称,两者之间的关系为:

$$I_l = \sqrt{3} I_p$$

(5) 设每相负载阻抗角为 ϕ_P,如果负载对称,则电路取用的总有功功率为:

$$P = 3U_P I_P \cos\phi_P = 3U_l I_l/\sqrt{3} \cos\phi_P = \sqrt{3} U_l I_l \cos\phi_P \qquad (3-6)$$

式(3-36)对于对称星形负载也是适用的,读者可自行推导,或参看其他书籍。

当负载不对称时:

$$P = P_A + P_B + P_C \qquad (3-7)$$

例3-3: 如图3-26负载三角形接法的三相三线制电路,各相负载的复阻抗 $Z = 6 + j8\Omega$,外加线电压 $U_l = 380V$,试求正常工作时负载的相电流和线电流。

解: 由于正常工作时是对称电路,故可归结到一相来计算。其相电流为

$$I_p = U_l/Z = 380/10 = 38 \text{ (A)}$$

式中,每相阻抗 $|Z| = \sqrt{R^2 + X^2} = \sqrt{6^2 + 8^2} = 10 \text{ (}\Omega\text{)}$

故线电流 $I_1 = \sqrt{3}I_P = \sqrt{3} \times 38 = 65.8$（A）

相电压与相电流的相位角 $\varphi = \text{Arctan}(X/R) = \text{Arctan}\,8/6 = 53.1°$。

三、三相电路的功率

（一）有功功率

三相负载总的有功功率等于各相有功功率之和：
$$P = P_1 + P_2 + P_3$$

若负载对称，则：
$$P = 3P_P = 3U_P I_P \cos\Psi_P \tag{3-8}$$

（1）当对称负载作星形联接时：
$$U_L = \sqrt{3}U_P$$
$$I_L = I_P \tag{3-9}$$

所以 $P = \sqrt{3}U_L I_L \cos\varphi_p$

（2）当对称负载作三角形联接时：
$$U_L = U_P$$
$$I_L = \sqrt{3}I_P \tag{3-10}$$

所以 $P = \sqrt{3}U_L I_L \cos\varphi_p$

（二）无功功率
$$Q = 3U_P I_P \sin\varphi_P = \sqrt{3}U_L I_L \sin\varphi_P$$

（三）视在功率
$$S = 3U_P I_P = \sqrt{3}U_L I_L \tag{3-11}$$

三相电路同样具有无功功率和视在功率，其对称负载的无功功率和视在功率不管是星形还是三角形联接均可用以下两式计算，式中的 ϕ 为阻抗的阻抗角。

$$Q = \sqrt{3}U_L I_L \sin\varphi \tag{3-12}$$
$$S = \sqrt{3}U_L I_L \tag{3-13}$$

三相电源的视在功率一般称为电源的容量。

结论：

（1）△形联接没有零线，只能配接三相三线制电源，无论负载平衡与否各相负载承受的电压均为线电压 380V；

（2）各相负载与电源之间独自构成回路，互不干扰；

各相负载的相电流为：$I_P = U_P/|Z| = U_1/|Z|$；

（3）在△形联接的各端点上均有三条支路，所以线电流 I_1 不等于相电流 I_p，当三相负载对称时，三个相电流和三个线电流都对称，两者之间的关系为：

$$I_1 = \sqrt{3}I_P$$

(4) 设每相负载阻抗角为 ϕ_P，如果负载对称，则电路取用的总有功功率为：
$$P = 3U_P I_P \cos\phi_P = 3U_l I_l/\sqrt{3}\cos\phi_P = \sqrt{3}U_l I_l \cos\phi_P$$

四、输配电简介

电能在工业生产、城市建设、日常生活等许多方面有着极为重要的地位，这是因为电能具有易于产生、传输、分配、控制、测量等许多优点。从电能的产生到应用包含着一系列变换和传输过程。

发电厂把自然界蕴藏的各种形式非电能（如燃料的化学能、水的势能、原子能、风能、太阳能等），通过不同类型的发电机转换成电能。火力发电厂一般建在燃料产地或交通运输方便的地方，而水力发电厂通常建在江河、峡谷、水库等水力资源丰富之地。各种发电厂中的发电机几乎都是三相同步发电机。国产三相同步发电机的电压等级有 400V/480V、3.15kV、6.3kV、10.5kV、13.8kV、15.75kV 和 18.0kV 等多种。发电厂的三相定子绕组通常接成Y形，并将电源的中性点 N 接地，只引出三根相线 U、V、W 到三相升压变压器。当电能输送到低压变电所时，再从大地引出中性线 N′，大地作为良好的导电体，在远距离送电时，可节省 1/4 的线材。

由于大中型发电厂距离用电地区有几十千米到上千千米，在远距离输电时，由于输电导线存在电阻，会有部分电能转化为热能而损失掉，同时导线电阻上的电压降还会使负载的端电压降低。

根据焦耳定律，输电线上发热损耗的功率为 $P = I R_0$，在输电线电阻 R_0 一定时，减小输电电流 I 能有效地减少电能在线路上的损耗。如果既要保证输电功率 $P = UI$ 保持不变，又要降低线路损耗，则必须提高输电电压 U。

发电机的机端电压不符合远距离输电的要求，必须通过升压变压器把电压升高到所需要的数值。送电距离越远，要求输电线上的电压越高。我国规定输电线的额定电压（输电线末端电压）为 35kV、110kV、220kV、330kV、500kV 等。

在用电地区，考虑到操作人员的安全以及用电设备的绝缘性能，又必须通过降压变压器将电压降低。把电压升高或降低并进行电能分配的场所叫变电所，它是发电厂和电力用户之间不可缺少的中间环节。

这种通过各种电压的线路将发电厂、变电所、电力用户连接起来的整体叫做电力系统，它包括发电、输电、变电、配电和用电部分，其中处于发电厂和用户之间起输电、变电和配电作用的环节称为电力网。图 3-27 为从发电厂到电力用户的交流输配电线路示意图。

为提高各发电厂的设备利用率，合理调配各发电厂的负载，现在常常将同一地区的各个发电厂联合起来组成一个大的电网，以提高供电的可靠性和经济性。

在工业企业内一般都设有中央变电所，中央变电所接收二次高压变电所送来

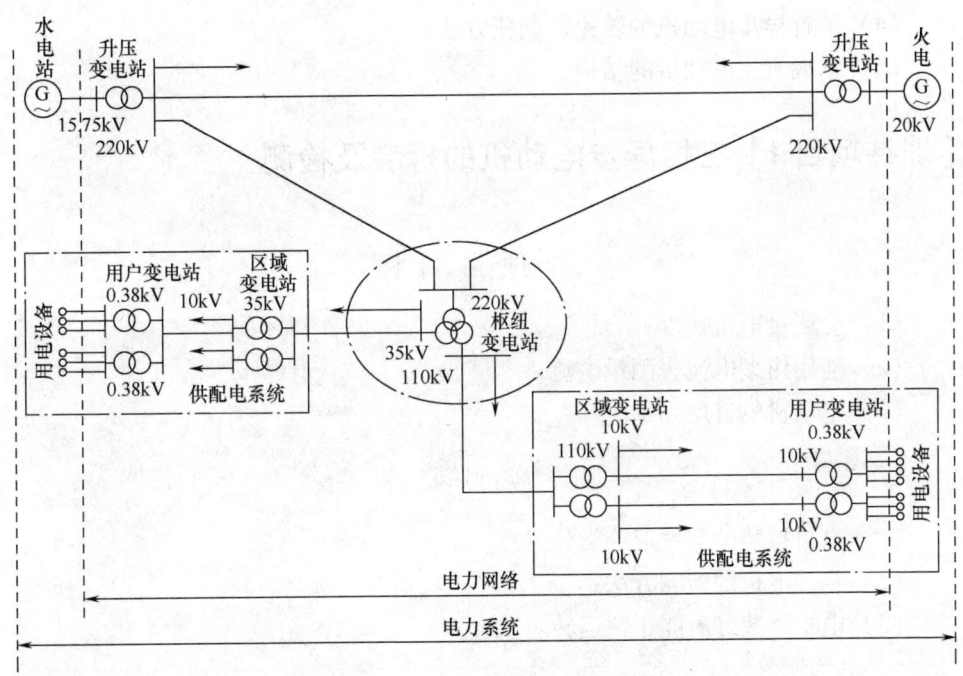

图 3-27 交流输配电线路示意图

的 10kV 电力，然后分配到各车间，经车间变电所（或配电室）将电能分配给各用电设备。高压配电线的额定电压有 3kV、6kV 和 10kV 三种。低压配电线的额定电压是 380V/220V。一般用电设备的额定电压为 220V 或 380V，大功率电动机的额定电压是 3000V 或 6000V。

子情境三　电动机的拆装及检测

能力目标：
（1）能拆装三相 3kW 异步电动机；
（2）会判别电动机的好坏；
（3）能拆装小型直流电动机；
（4）会测量直流电动机线圈的电阻。

知识目标：
（1）掌握三相异步电动机的工作原理；
（2）掌握异步电动机的功率计算；
（3）掌握异步电动机的额定电流计算；

(4) 了解异步电动机的转速、调速方法；
(5) 掌握直流电动机的结构。

【训练项目1】三相异步电动机的拆装及检测

一、项目目标

(1) 会测量电机速度；
(2) 能用钳型电流表测量电流；
(3) 电动机的首尾判别。

二、项目要求

(1) 电机拆装的零件应分类放置；
(2) 掌握电机的检测方法；
(3) 电机组装好后能正常运转。

三、项目实训仪器、设备及实训材料

(1) Y132M-4 电机 3kW，1 台/组；
(2) 指针式万用表（MF47）或数字式万用表各 1 个；
(3) 电工常用工具 1 套/组；
(4) 拆卸电机的专用工具 1 套/组。

四、项目实训内容与步骤

任务1 三相异步电动机的拆卸

如图3-28~图3-30所示，图中数字序号与下列拆卸顺序一致。
(1) 切断电源，卸下皮带；
(2) 拆去接线盒内的电源接线和接地线；
(3) 卸下底脚螺母、弹簧垫圈和平垫片；
(4) 卸下皮带轮；

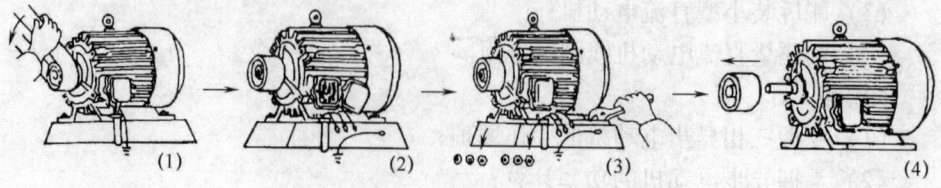

图3-28 三相异步电动机拆卸过程1

(5) 卸下前轴承外盖；

(6) 卸下前端盖；可用大小适宜的扁凿，插在端盖突出的耳朵处，按端盖对角线依次向外撬，直至卸下前端盖。

(7) 卸下风叶罩；

(8) 卸下风叶；

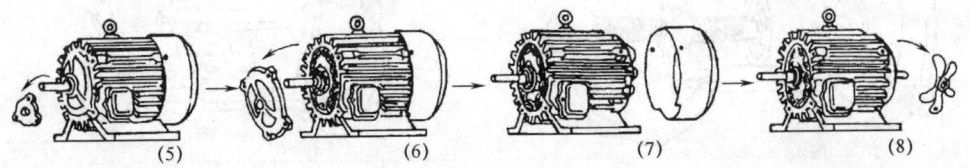

图 3-29　三相异步电动机拆卸过程 2

(9) 卸下后轴承外盖；

(10) 卸下后端盖；

(11) 卸下转子，在抽出转子之前，应在转子下面和定子绕组端部之间垫上厚纸板，以免抽出转子时碰伤铁心和绕组；

(12) 最后用拉具拆卸前后轴承及轴承内盖。

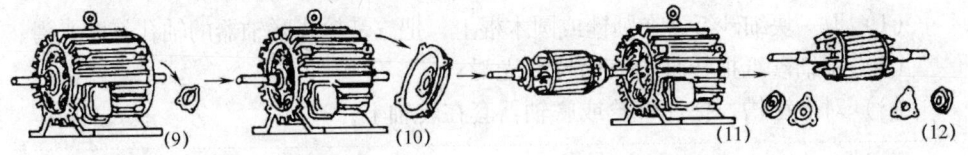

图 3-30　三相异步电动机拆卸过程 3

任务 2　电动机主要部件的拆装方法

（一）皮带轮或联轴器的拆装步骤

1. 皮带轮或联轴器的拆卸步骤

(1) 用粉笔标示皮带轮或联轴器的正反面，以免安装时装反；

(2) 用尺子量一下皮带轮或联轴器在轴上的位置，记住皮带轮或联轴器与前端盖之间的距离；

(3) 旋下压紧螺丝或取下销子；

(4) 在螺丝孔内注入煤油；

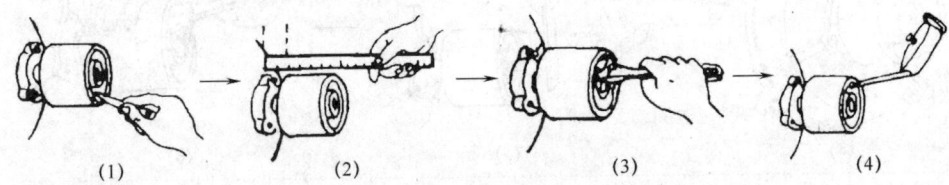

图 3-31　皮带轮或联轴器拆卸步骤 1

（5）装上拉具，拉具有两脚和三脚，各脚之间的距离要调整好；
（6）拉具的丝杆顶端要对准电动机轴的中心，转动丝杆，使皮带轮或联轴器慢慢地脱离转轴。

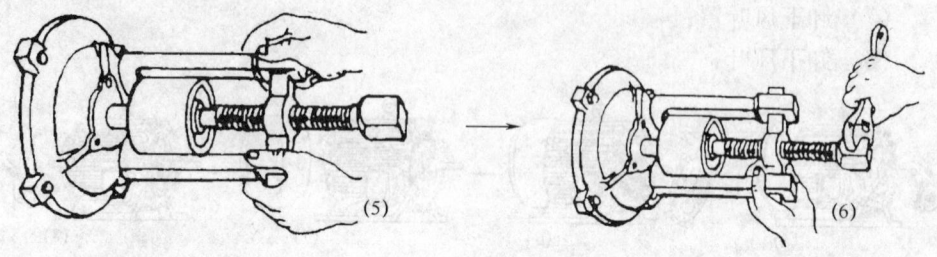

图3-32　皮带轮或联轴器拆卸步骤2

应注意的事项：
如果皮带轮或联轴器一时拉不下来，切忌硬卸，可在定位螺丝孔内注入煤油，等待几小时以后再拉。若还拉不下来，可用喷灯将皮带轮或联轴器四周加热，加热的温度不宜太高，要防止轴变形。拆卸过程中，不能用手锤直接敲出皮带轮或联轴器，以免皮带轮或联轴器碎裂、轴变形、端盖等受损。

2. 皮带轮或联轴器的安装步骤
（1）取一块细砂纸卷在圆锉或圆木棍上，把皮带轮或联轴器的轴孔打磨光滑；
（2）用细砂纸把转轴的表面打磨光滑；
（3）对准键槽，把皮带轮或联轴器套在转轴上；

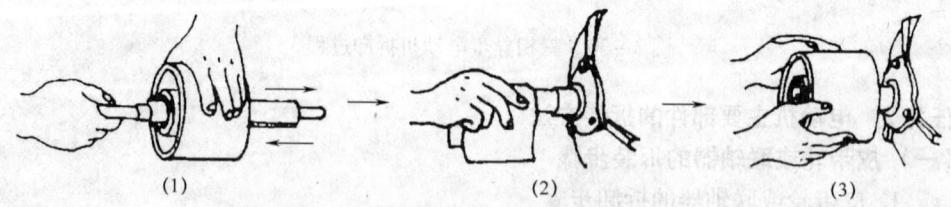

图3-33　皮带轮或联轴器安装步骤1

（4）调整皮带轮或联轴器与转轴之间的键槽位置；

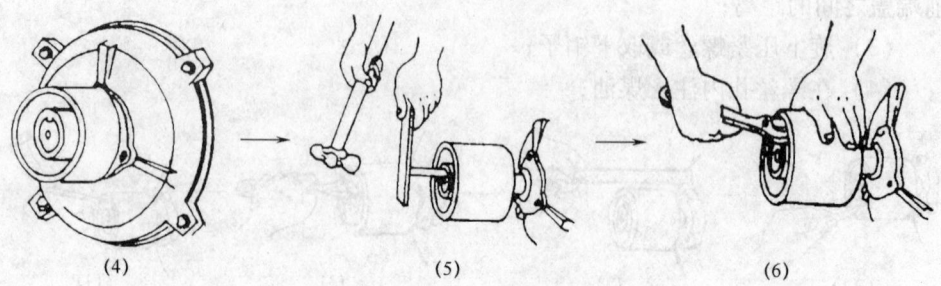

图3-34　皮带轮或联轴器安装步骤2

(5) 用铁板垫在键的一端,轻轻敲打,使键慢慢进入槽内,键在槽里要松紧适宜,太紧会损伤键和键槽,太松会使电动机运转时打滑,损伤键和键槽;

(6) 旋紧压紧螺丝。

(二) 轴承盖和端盖的拆装步骤

(1) 拆卸轴承外盖的方法比较简单,只要旋下固定轴承盖的螺丝,就可把外盖取下。

但要注意,前后两个外盖拆下后要标上记号,以免安装时前后装错。图3-35,图3-36分别为拆前/后轴承盖。

图3-35 拆前轴承盖

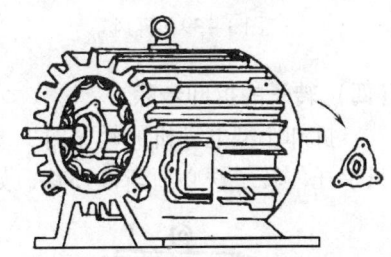
图3-36 拆后轴承盖

(2) 拆卸端盖前,应在机壳与端盖接缝处做好标记。然后旋下固定端盖的螺丝。通常端盖上都有两个拆卸螺孔,用从端盖上拆下的螺丝旋进拆卸螺孔,就能将端盖逐步顶出来。若没有拆卸螺孔,可用大小适宜的扁凿,插在端盖突出的耳朵处,按端盖对角线依次向外撬,直至卸下端盖。但要注意,前后两个端盖拆下后要标上记号,以免将来安装时前后装错。图3-37和图3-38分别为拆前/后端盖。

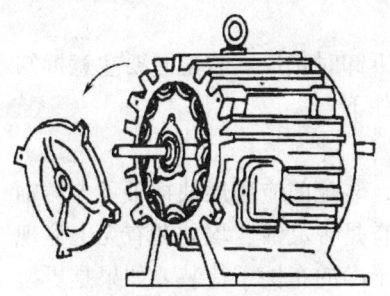
图3-37 拆前端盖

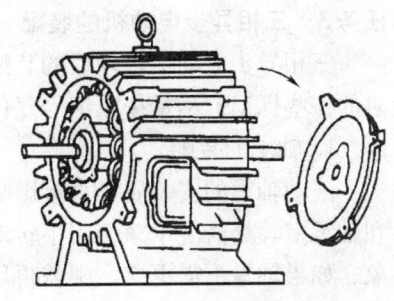
图3-38 拆后端盖

(三) 风罩和风叶的拆卸步骤

(1) 选择适当的旋具,旋出风罩与机壳的固定螺丝,即可取下风罩,如图3-39所示。

(2) 将转轴尾部风叶上的定位螺丝或销子拧下,用小锤在风叶四周轻轻地均匀敲打,风叶就可取下,如图 3-40 所示。若是小型电动机,则风叶通常不必拆下,可随转子一起抽出。

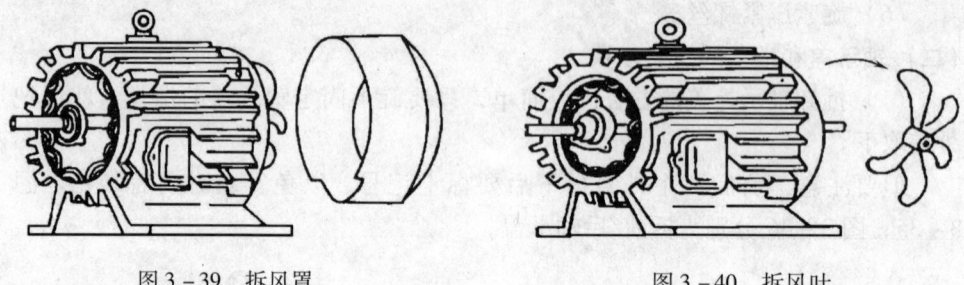

图 3-39 拆风罩　　　　　　　　　图 3-40 拆风叶

(四) 转子的拆卸步骤

拆卸小型电动机的转子时,要一手握住转子,把转子拉出一些,随后用另一只手托住转子铁心渐渐往外移,如图 3-41 所示。要注意,不能碰伤定子绕组。

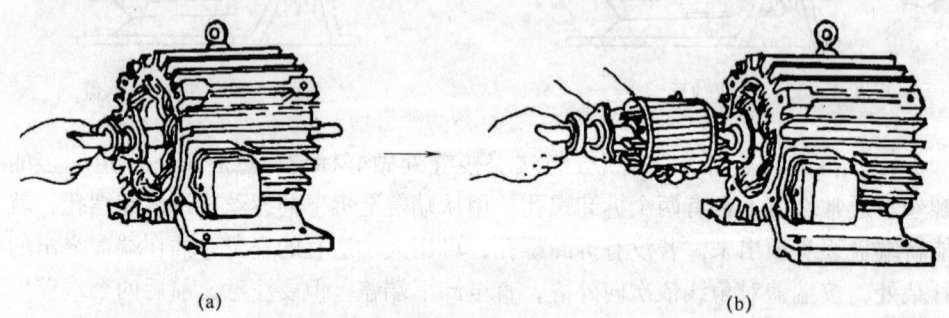

(a)　　　　　　　　　　　　(b)

图 3-41 转子的拆卸

任务3　三相异步电动机的装配

三相异步电动机修理后的装配顺序,大致与拆卸时相反。装配时要注意拆卸时的一些标记,尽量按原记号复位。装配的顺序如下:

1. 轴承的装配

滚动轴承的安装质量直接影响电动机的寿命,装配前应用煤油把轴承、转轴和轴承室等处清洗干净,用手转动轴承外圈,检查是否灵活、均匀和有无卡住现象,如果轴承不需更换,则需再用汽油洗净,用干净的布擦干待装。如果是更换新轴承,应将轴承放入变压器油中加热 5min 左右,待防锈油全部熔化后,再用汽油洗净,用干净的布擦干待装。轴承往轴颈上装配的方法有两种:冷套和热套,套装零件及工具都要清洗干净,把清洗干净的轴承内盖加好润滑脂套在轴颈上。

(1) 冷套法:把轴承套在轴颈上,用一段内径略大于轴径,外径小于轴承内圈直径的铁管，铁管的一端顶在轴承的内圈上，用手锤敲打铁管的另一端，把轴承敲进去。如果有条件最好是用油压机缓慢压入。

（2）热套法：轴承放在 80~100℃ 的变压器油中，加热 30~40min，趁热快速把轴承推到轴颈根部，加热时轴承要放在网架上，不要与油箱底部或侧壁接触，油面要没过轴承，温度不宜过高，加热时间也不宜过长，以免轴承退火。

（3）装润滑脂：轴承的内外环之间和轴承盖内，要塞装润滑脂，润滑脂的塞装要均匀和适量，装的太满在受热后容易溢出，装的太少润滑期短，轴承内外盖的润滑脂一般为盖内容积的 1/3~1/2。

2. 装配后的检验

（1）一般检查所有紧固件是否拧紧；转子转动是否灵活，轴伸端有无径向偏摆。

（2）测量绝缘电阻。测量电动机定子绕组每相之间的绝缘电阻和绕组对机壳的绝缘电阻，其绝缘电阻值不能小于 0.5MΩ。

（3）测量电流经上述检查合格后，根据铭牌规定的电流电压，正确接通电源，安装好接地线，用钳形电流表分别测量三相电流，检查电流是否在规定电流的范围（空载电流约为额定电流的 1/3）之内；三相电流是否平衡。

（4）上述检查合格后可通电观察，用转速表测量转速是否均匀并符合规定要求；检查机壳是否过热；轴承有无异常声音。

任务4　异步电动机首尾判别

当电动机接线板损坏，定子绕组的 6 个线头分不清楚时，不可盲目接线，以免引起电动机内部故障，因此必须分清 6 个线头的首尾端后才能接线。

（1）用 36V 交流电源和灯泡判别首尾端时的接线方式如图 3-42 所示，判别步骤如下：

①用摇表或万用表的电阻挡，分别找出三相绕组的各相两个线头。

②先任意给三相绕组的线头分别编号为 U_1 和 U_2、V_1 和 V_2、W_1 和 W_2。并把 V_1、U_2 连接起来，构成两相绕组串联。

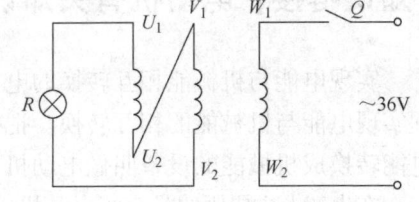

图 3-42　交流法电机首尾判别

③U_1、V_2 线头上接一只灯泡。

④W_1、W_2 两个线头上接通 36V 交流电源，如果灯泡发亮，说明线头 U_1、U_2 和 V_1、V_2 的编号正确。如果灯泡不亮，则把 U_1、U_2 或 V_1、V_2 中任意两个线头的编号对调一下即可。

⑤再按上述方法对 W_1、W_2 两线头进行判别。

（2）用万用表或微安表判别首尾端

方法一：

①先用摇表或万用表的电阻挡，分别找出三相绕组的各相两个线头。

②给各相绕组假设编号为 U_1 和 U_2、V_1 和 V_2、W_1 和 W_2。

③按图 3-43 所示接线，用手转动电动机转子，如万用表（微安挡）指针不动，则证明假设的编号是正确的；若指针有偏转，说明其中有一相首尾端假设编号不对。应逐相对调重测，直至正确为止。

方法二：

①先分清三相绕组各相的两个线头，并将各相绕组端子假设为 U_1 和 U_2、V_1 和 V_2、W_1 和 W_2。

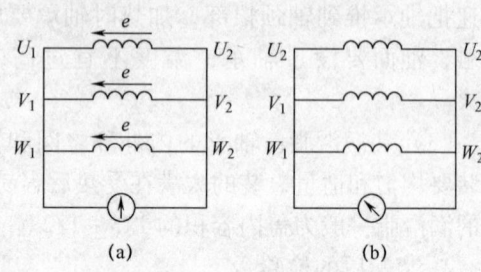

图 3-43　用万用表判断首尾

(a) 指针不动首尾端正确　(b) 指针变动首尾端不对

②注视万用表（微安挡）指针摆动的方向，合上开关瞬间，若指针摆向大于零的一边，则接电池正极的线头与万用表负极所接的线头同为首端或尾端；如指针反向摆动，则接电池正极的线头与万用表正极所接的线头同为首端或尾端。

③再将电池和开关接另一相两个线头，进行测试，就可正确判别各相的首尾端。

五、思考与分析

（1）三相异步电动机组装的顺序是怎样的？

（2）三相异步电动机如何进行组装后的检验？

【知识链接】电动机有关知识

实现电能与机械能相互转换的电工设备总称为电机。电机是利用电磁感应原理实现电能与机械能的相互转换。把机械能转换成电能的设备称为发电机，而把电能转换成机械能的设备叫做电动机。

在生产上主要用的是交流电动机，特别是三相异步电动机，因为它具有结构简单、坚固耐用、运行可靠、价格低廉、维护方便等优点。它被广泛地用来驱动各种金属切削机床、起重机、锻压机、传送带、铸造机械、功率不大的通风机及水泵等。

对于各种电动机我们应该了解下列几个方面的问题：

（1）基本构造；

（2）工作原理；

（3）表示转速与转矩之间关系的机械特性；

（4）起动、调速及制动的基本原理和基本方法；

（5）应用场合和如何正确使用。

一、电机的分类和选择

(一) 电机的分类

电机的分类如图 3-44 所示。

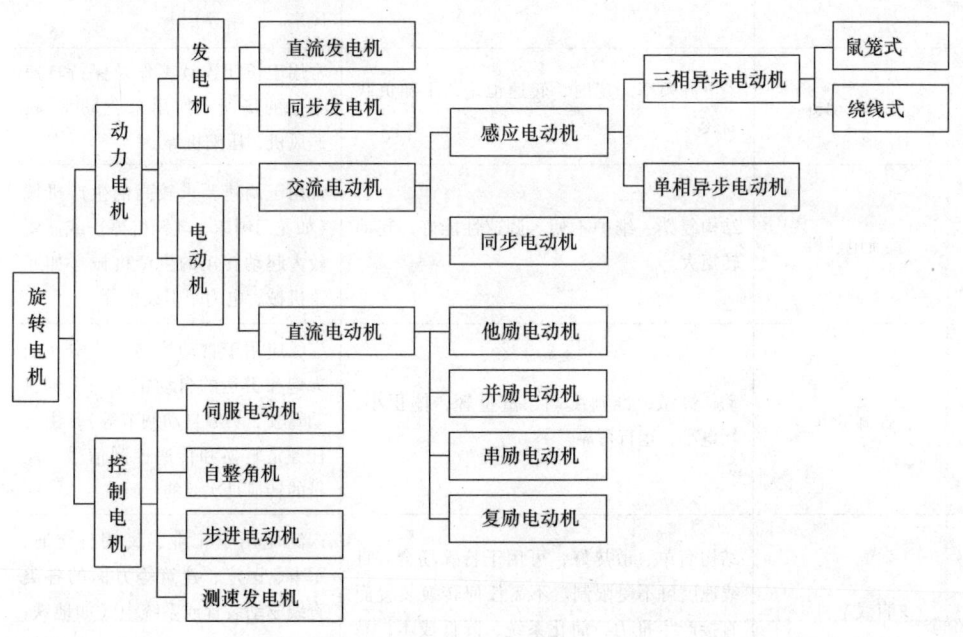

图 3-44　电机的分类

表 3-1 为各类电机特点和用途。

表 3-1　　　　　　　各类电机特点和用途

种类、名称	特点、作用	使 用 范 围
同步发电机	将机械能转换为交流电能	近代火力、水力发电站几乎都采用三相同步发电机
直流发电机	将机械能转换为直流电能，构造复杂，价格昂贵，工作可靠性差	可作为蓄电池充电等直流电源。目前有被半导体整流电源逐渐取代的趋势
三相鼠笼式异步电动机	结构简单，工作可靠，价格低廉，维护方便。起动性能较差，功率因数较低	广泛用于无特殊调速要求的一般生产机械拖动。如功率不大的通风机、水泵、传送带、机床的辅助运动机构等
三相线绕式异步电动机	起动性能好，并可在不大的范围内平滑调速。价格贵，维修不便	只用于某些起重机、卷扬机、锻压机及重型机床的横梁移动等不能采用鼠笼式电动机的场合

续表

种类、名称	特点、作用	使 用 范 围
单相异步电动机	结构简单，工作可靠，但起动转矩较小	常用于功率不大的电动工具（电钻等）和家用电器（如洗衣机、风扇、冰箱等）
同步电动机	当电源频率一定时，转速恒定，不随负载而变	常用于长期连续工作及保持转速不变的场所，如用来驱动水泵、通风机、压缩机等
直流电动机	结构复杂，维护不便。调速性能好，起动转矩大	常用于调速要求较高的生产机械（如龙门刨床、轧钢机等）或需要较大起动转矩的生产机械（如起重机械、电力牵引设备等）
控制电机	动作灵敏，准确度高，重量轻，体积小，耗电小，运行可靠	广泛应用于自动控制系统中（如火炮和雷达的自动定位、飞机自动驾驶、炉温自动调节等），主要任务是转换和传递控制信号，能量的转换是次要的
直线电机	结构简单、散热好，可用于特殊场合，直线速度可不受限制。不需任何转换装置而直接产生推力，简化系统，降低成本，易于维护、控制，运行可靠	广泛应用于工业、民用、交通、军事、医疗、建筑等方面的各类直线驱动装置或系统中（如地铁、物料输送系统、复印机、打桩机等）

（二）电动机类型的选择

根据工作环境选择电动机的防护型式。

在正常工作环境，一般采用防护式电动机。

在干燥无尘环境，可采用开启式电动机。

在潮湿、粉尘较多或户外场所，采用封闭式电动机。

在有爆炸危险或有腐蚀性气体的地方，应选用防爆式或防腐式电动机。

二、三相异步电动机

（一）三相异步电动机的构造

三相异步电动机的两个基本组成部分为定子（固定部分）和转子（旋转部分）。此外还有端盖、风扇等附属部分，如图3-45所示。

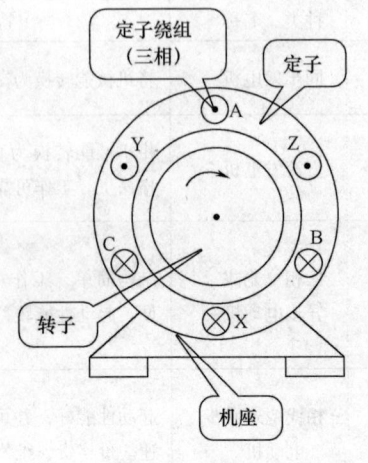

图3-45 三相电动机的结构示意图

1. 定子

三相异步电动机的定子由三部分组成，如表 3-2 所示。

表 3-2　　　　　三相异步电动机的定子组成

定子	定子铁心	由厚度为 0.5mm 的，相互绝缘的硅钢片叠成，硅钢片内圆上有均匀分布的槽，其作用是嵌放定子三相绕组 AX、BY、CZ
	定子绕组	三组用漆包线绕制好的，对称地嵌入定子铁心槽内的相同的线圈。这三相绕组可接成星形或三角形
	机座	机座用铸铁或铸钢制成，其作用是固定铁心和绕组

2. 转子

三相异步电动机的转子由三部分组成，如表 3-3 所示。

表 3-3　　　　　三相异步电动机的转子组成

转子	转子铁心	由厚度为 0.5mm 的，相互绝缘的硅钢片叠成，硅钢片外圆上有均匀分布的槽，其作用是嵌放转子三相绕组
	转子绕组	转子绕组有两种形式： 鼠笼式——鼠笼式异步电动机 绕线式——绕线式异步电动机
	转轴	转轴上加机械负载

为了保证转子能够自由旋转，在定子与转子之间必须留有一定的空气隙，中小型电动机的空气隙约在 0.2~1.0mm。

(二) 三相异步电动机的转动原理

1. 基本原理

为了说明三相异步电动机的工作原理，我们做如下演示实验，如图 3-46 所示。

（1）演示实验：在装有手柄的蹄形磁铁的两极间放置一个闭合导体，当转动手柄带动蹄形磁铁旋转时，将发现导体也跟着旋转；若改变磁铁的转向，则导体的转向也跟着改变。

（2）现象解释：当磁铁旋转时，磁铁与闭合的导体发生相对运动，鼠笼式导体切割磁力线而在其内部产生感应电动势和感应电流。感应电流又使导体受到一个电磁力的作用，于是导体就沿磁铁的旋转方向转动起来，这就是异步电动机的基本原理。

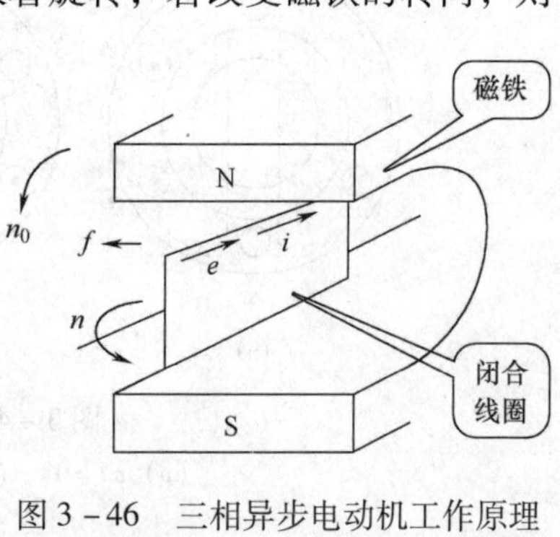

转子转动的方向和磁极旋转的方向

图 3-46　三相异步电动机工作原理

相同。

(3) 结论：欲使异步电动机旋转，必须有旋转的磁场和闭合的转子绕组。

2. 旋转磁场

(1) 产生。图 3-47 表示最简单的三相定子绕组 AX、BY、CZ，它们在空间按互差 120°的规律对称排列。并接成星形与三相电源 U、V、W 相联。则三相定子绕组便通过三相对称电流如式（3-14）。随着电流在定子绕组中通过，在三相定子绕组中就会产生旋转磁场。

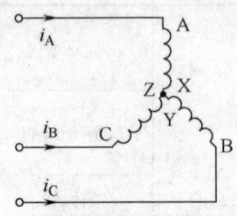

图 3-47 三相异步电动机定子接线

$$\begin{cases} i_U = I_m \sin\omega t \\ i_V = I_m \sin(\omega t - 120°) \\ i_W = I_m \sin(\omega t + 120°) \end{cases} \quad (3-14)$$

当 $\omega t = 0°$ 时，$i_A = 0$，AX 绕组中无电流；i_B 为负，BY 绕组中的电流从 Y 流入 B 流出；i_C 为正，CZ 绕组中的电流从 C 流入 Z 流出；由右手螺旋定则可得合成磁场的方向如图 3-48（a）所示。

当 $\omega t = 120°$ 时，$i_B = 0$，BY 绕组中无电流；i_A 为正，AX 绕组中的电流从 A 流入 X 流出；i_C 为负，CZ 绕组中的电流从 Z 流入 C 流出；由右手螺旋定则可得合成磁场的方向如图 3-48（b）所示。

当 $\omega t = 240°$ 时，$i_C = 0$，CZ 绕组中无电流；i_A 为负，AX 绕组中的电流从 X 流入 A 流出；i_B 为正，BY 绕组中的电流从 B 流入 Y 流出；由右手螺旋定则可得合成磁场的方向如图 3-48（c）所示。

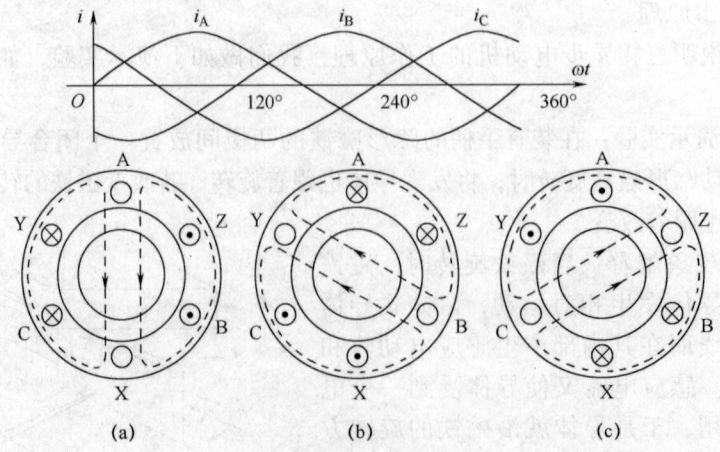

图 3-48 旋转磁场的形成

(a) $\omega t = 0°$　(b) $\omega t = 120°$　(c) $\omega t = 240°$

可见，当定子绕组中的电流变化一个周期时，合成磁场也按电流的相序方向在空间旋转一周。随着定子绕组中的三相电流不断地作周期性变化，产生的合成磁场也不断地旋转，因此称为旋转磁场。

（2）旋转磁场的方向。旋转磁场的方向是由三相绕组中电流相序决定的，若想改变旋转磁场的方向，只要改变通入定子绕组的电流相序，即将三根电源线中的任意两根对调即可。这时，转子的旋转方向也跟着改变。

3. 三相异步电动机的极数与转速

（1）极数（磁极对数 p）。三相异步电动机的极数就是旋转磁场的极数。旋转磁场的极数和三相绕组的安排有关。

当每相绕组只有一个线圈，绕组的始端之间相差 120°空间角时，产生的旋转磁场具有一对极，即 $p=1$；

当每相绕组为两个线圈串联，绕组的始端之间相差 60°空间角时，产生的旋转磁场具有两对极，即 $p=2$；

同理，如果要产生三对极，即 $p=3$ 的旋转磁场，则每相绕组必须有均匀安排在空间的串联的三个线圈，绕组的始端之间相差 40°（$=120°/p$）空间角。极数 p 与绕组的始端之间的空间角 θ 的关系为：

$$\theta = 120°/p$$

（2）转速 n。三相异步电动机旋转磁场的转速 n_0 与电动机磁极对数 p 有关，它们的关系是：

$$n_0 = \frac{60 f_1}{p} \quad (3-15)$$

由式（3-15）可知，旋转磁场的转速 n_0 决定于电流频率 f_1 和磁场的极数 p。对某一异步电动机而言，f_1 和 p 通常是一定的，所以磁场转速 n_0 是个常数。

在我国，工频 $f_1 = 50\mathrm{Hz}$，因此对应于不同极对数 p 的旋转磁场转速 n_0，见表 3-4。

表 3-4　　　　　极对数与旋转磁场转速的关系（$f_1 = 50\mathrm{Hz}$ 时）

p	1	2	3	4	5	6
n_0	3000	1500	1000	750	600	500

（3）转差率 s。电动机转子转动方向与磁场旋转的方向相同，但转子的转速 n 不可能达到与旋转磁场的转速 n_0 相等，否则转子与旋转磁场之间就没有相对运动，因而磁力线就不切割转子导体，转子电动势、转子电流以及转矩也就都不存在。也就是说旋转磁场与转子之间存在转速差，因此我们把这种电动机称为异步电动机，又因为这种电动机的转动原理是建立在电磁感应基础上的，故又称为感应电动机。

旋转磁场的转速 n_0 常称为同步转速。

转差率 s——用来表示转子转速 n 与磁场转速 n_0 相差的程度的物理量。即：

$$s = \frac{n_0 - n}{n_0} = \frac{\Delta n}{n_0} \qquad (3-16)$$

转差率是异步电动机的一个重要的物理量。

当旋转磁场以同步转速 n_0 开始旋转时，转子则因机械惯性尚未转动，转子的瞬间转速 $n=0$，这时转差率 $s=1$。转子转动起来之后，$n>0$，(n_0-n) 差值减小，电动机的转差率 $s<1$。如果转轴上的阻转矩加大，则转子转速 n 降低，即异步程度加大，才能产生足够大的感受电动势和电流，产生足够大的电磁转矩，这时的转差率 s 增大。反之，s 减小。异步电动机运行时，转速与同步转速一般很接近，转差率很小。在额定工作状态下约为 0.015~0.06。

根据式（3-16），可以得到电动机的转速常用公式

$$n = (1-s)n_0 \qquad (3-17)$$

例 3-4：有一台三相异步电动机，其额定转速 $n=975\text{r/min}$，电源频率 $f=50\text{Hz}$，求电动机的极数和额定负载时的转差率 s。

解：由于电动机的额定转速接近而略小于同步转速，而同步转速对应于不同的极对数有一系列固定的数值。显然，与 975r/min 最相近的同步转速 $n_0=1000\text{r/min}$，与此相应的磁极对数 $p=3$。因此，额定负载时的转差率为：

$$s = \frac{n_0 - n}{n_0} \times 100\% = \frac{1000 - 975}{1000} \times 100\% = 2.5\%$$

（4）三相异步电动机的定子电路与转子电路。三相异步电动机中的电磁关系同变压器类似，定子绕组相当于变压器的原绕组，转子绕组（一般是短接的）相当于副绕组。给定子绕组接上三相电源电压，则定子中就有三相电流通过，此三相电流产生旋转磁场，其磁力线通过定子和转子铁心而闭合，这个磁场在转子和定子的每相绕组中都要感应出电动势。

结论：

（1）三相异步电动机的两个基本组成部分为定子（固定部分）和转子（旋转部分）；

（2）欲使异步电动机旋转，必须有旋转的磁场和闭合的转子绕组，并且旋转的磁场和闭合的转子绕组的转速不同，这也是"异步"二字的含义；

（3）三相电源流过在空间互差一定角度按一定规律排列的三相绕组时，便会产生旋转磁场；

（4）旋转磁场的方向是由三相绕组中电源相序决定的；

（5）三相异步电动机旋转磁场的转速 n_0 与电动机磁极对数 p 有关，它们的关系是：

$$n_0 = \frac{60f_1}{p}$$

(6) 转差率 s——用来表示转子转速 n 与磁场转速 n_0 相差的程度的物理量。即：

$$s = \frac{n_0 - n}{n_0} = \frac{\Delta n}{n_0}$$

转差率是异步电动机的一个重要的物理量，异步电动机运行时，转速与同步转速一般很接近，转差率很小。在额定工作状态下约为 0.015~0.06。

(7) 三相异步电动机中的电磁关系同变压器类似，定子绕组相当于变压器的原绕组，转子绕组（一般是短接的）相当于副绕组。

(三) 三相异步电机的转矩特性与机械特性

1. 电磁转矩（简称转矩）

异步电动机的转矩 T 是由旋转磁场的每极磁通 Φ 与转子电流 I_2 相互作用而产生的。电磁转矩的大小与转子绕组中的电流 I 及旋转磁场的强弱有关。

经理论证明，它们的关系是：

$$T = K_T \Phi I_2 \cos\varphi_2 \qquad (3-18)$$

式中　T——电磁转矩；

K_T——与电机结构有关的常数；

Φ——旋转磁场每个极的磁通量；

I_2——转子绕组电流的有效值；

φ_2——转子电流滞后于转子电势的相位角。

若考虑电源电压及电机的一些参数与电磁转矩的关系，式（3-18）修正为：

$$T = K'_T \frac{sR_2 U_1^2}{R_2^2 + (sX_{20})^2} \qquad (3-19)$$

式中　K'_T——常数；

U_1——定子绕组的相电压；

s——转差率；

R_2——转子每相绕组的电阻；

X_{20}——转子静止时每相绕组的感抗。

由式（3-19）可知，转矩 T 还与定子每相电压 U_1 的平方成比例，所以当电源电压有所变动时，对转矩的影响很大。此外，转矩 T 还受转子电阻 R_2 的影响。

2. 机械特性曲线

在一定的电源电压 U_1 和转子电阻 R_2 下，电动机的转矩 T 与转差率 s 之间的关系曲线 $T = f(s)$ 或转速与转矩的关系曲线 $n = f(T)$，称为电动机的机械特性曲线。如图 3-49 所示。

在机械特性曲线上我们要讨论三个转矩：

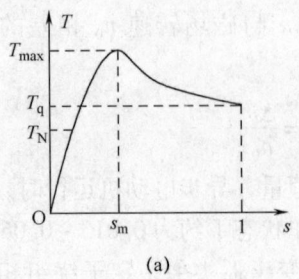 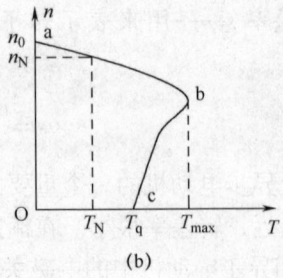

图 3-49　三相异步电动机的机械特性曲线
(a) $T=f(s)$ 曲线　(b) $n=f(T)$ 曲线

(1) 额定转矩 T_N。额定转矩 T_N 是异步电动机带额定负载时，转轴上的输出转矩。

$$T_N = 9550 \frac{P_2}{n} \quad (3-20)$$

式中 P_2 是电动机轴上输出的机械功率，其单位是 W，n 的单位是 r/min，T_N 的单位是 N·m。

当忽略电动机本身机械摩擦转矩 T_0 时，阻转矩近似为负载转矩 T_L，电动机做等速旋转时，电磁转矩 T 必与阻转矩 T_L 相等，即 $T = T_L$。额定负载时，则有 $T_N = T_L$。

(2) 最大转矩 T_m。T_m 又称为临界转矩，是电动机可能产生的最大电磁转矩。它反映了电动机的过载能力。

最大转矩的转差率为 s_m，此时的 s_m 叫做临界转差率，见图 3-49（a）。

最大转矩 T_m 与额定转矩 T_N 之比称为电动机的过载系数 λ，即：

$$\lambda = T_m / T_N$$

一般三相异步的过载系数在 1.8～2.2。

在选用电动机时，必须考虑可能出现的最大负载转矩，而后根据所选电动机的过载系数算出电动机的最大转矩，它必须大于最大负载转矩。否则，就要重选电动机。

(3) 起动转矩 T_{st}。T_{st} 为电动机起动初始瞬间的转矩，即 $n=0$，$s=1$ 时的转矩。

为确保电动机能够带额定负载起动，必须满足：$T_{st} > T_N$，一般的三相异步电动机有 $T_{st}/T_N = 1～2.2$。

3. 电动机的负载能力自适应分析

电动机在工作时，所产生的电磁转矩 T 的大小能够在一定的范围内自动调整以适应负载的变化，这种特性称为自适应负载能力。$T_{st}\uparrow \Rightarrow n\downarrow \Rightarrow s\uparrow \Rightarrow I\uparrow \Rightarrow T\uparrow$ 直至新的平衡。此过程中，$I_2\uparrow$ 时，$I_1\uparrow \Rightarrow$ 电源提供的功率自动增加。

（四）三相异步电动机铭牌数据

1. 铭牌

每台电动机的机座上都装有一块铭牌。铭牌上标注有该电动机的主要性能和技术数据。例如表 3-5 所示。

表 3-5　　　　　　　　　　　　铭牌示例

三相异步电动机					
型号	Y132M-4	功率　7.5kW		频率　50Hz	
电压　380V		电流　15.4A		接法　△	
转速　1440r/min		绝缘等级　E		工作方式　连续	
温升　80℃		防护等级　IP44		重量　55kg	
年　　月　　编号			××电机厂		

2. 型号

为不同用途和不同工作环境的需要，电机制造厂把电动机制成各种系列，每个系列的不同电动机用不同的型号表示，如表 3-6 所示。

表 3-6　　　　　　　　　　　　电动机型号示例

Y	315	S	6
三相异步电动机	机座中心高 mm	机座长度代号 S：短铁心 M：中铁心 L：长铁心	磁极数

3. 接法

接法指电动机三相定子绕组的联接方式。

一般鼠笼式电动机的接线盒中有六根引出线，标有 U_1、V_1、W_1、U_2、V_2、W_2，其中：

U_1、V_1、W_1 是每一相绕组的始端；

U_2、V_2、W_2 是每一相绕组的末端。

三相异步电动机的联接方法有两种：星形（Y）联接和三角形（△）联接。通常三相异步电动机功率在 4kW 以下者接成星形；在 4kW（不含）以上者，接成三角形。

4. 电压

铭牌上所标的电压值是指电动机在额定运行时定子绕组上应加的线电压值。一般规定电动机的电压不应高于或低于额定值的 5%。

必须注意：在低于额定电压下运行时，最大转矩 T_{max} 和启动转矩 T_{st} 会显著地降低，这对电动机的运行是不利的。

三相异步电动机的额定电压有 380V、3000V 及 6000V 等多种。

5. 电流

铭牌上所标的电流值是指电动机在额定运行时定子绕组的最大线电流允许值。

当电动机空载时,转子转速接近于旋转磁场的转速,两者之间相对转速很小,所以转子电流近似为零,这时定子电流几乎全为建立旋转磁场的励磁电流。当输出功率增大时,转子电流和定子电流都随着相应增大。

6. 功率与效率

铭牌上所标的功率值是指电动机在规定的环境温度下,在额定运行时电机轴上输出的机械功率值。输出功率与输入功率不等,其差值等于电动机本身的损耗功率,包括铜损、铁损及机械损耗等。

所谓效率 η 就是输出功率与输入功率的比值。一般鼠笼式电动机在额定运行时的效率约为 72% ~ 93%。

7. 功率因数

因为电动机是电感性负载,定子相电流比相电压滞后一个 φ 角,$\cos\varphi$ 就是电动机的功率因数。三相异步电动机的功率因数较低,在额定负载时约为 0.7 ~ 0.9,而在轻载和空载时更低,空载时只有 0.2 ~ 0.3。

选择电动机时应注意其容量,防止"大马拉小车",并力求缩短空载时间。

8. 转速

电动机额定运行时的转子转速,单位为 r/min。

不同的磁极数对应有不同的转速等级。最常用的是 4 个极的 ($n_0 = 1500$r/min)。

9. 绝缘等级

绝缘等级是按电动机绕组所用的绝缘材料在使用时容许的极限温度来分级的。所谓极限温度是指电机绝缘结构中最热点的最高容许温度,见表 3 – 7。

表 3 – 7　　　　　　　　　　绝缘等级

绝缘等级	环境温度40℃时的容许温升	极限允许温度
A	65℃	105℃
E	80℃	120℃
B	90℃	130℃

(五) 三相异步电动机的选择

正确选择电动机的功率、种类、型式是极为重要的。

1. 功率的选择

电动机的功率根据负载的情况选择合适的功率,选大了虽然能保证正常运行,但是不经济,电动机的效率和功率因数都不高;选小了就不能保证电动机和生产机械的正常运行,不能充分发挥生产机械的效能,并使电动机由于过载而过早地损坏。

（1）连续运行电动机功率的选择。对连续运行的电动机，先算出生产机械的功率，所选电动机的额定功率等于或稍大于生产机械的功率即可。

（2）短时运行电动机功率的选择。如果没有合适的专为短时运行设计的电动机，可选用连续运行的电动机。由于发热惯性，在短时运行时可以容许过载。工作时间愈短，则过载可以愈大。但电动机的过载是受到限制的。通常是根据过载系数 λ 来选择短时运行电动机的功率。电动机的额定功率可以是生产机械所要求的功率的 $1/\lambda$。

2. 种类和型式的选择

（1）种类的选择。选择电动机的种类是从交流或直流、机械特性、调速与起动性能、维护及价格等方面来考虑的。

①交、直流电动机的选择。如没有特殊要求，一般都应采用交流电动机。

②鼠笼式与绕线式的选择。三相鼠笼式异步电动机结构简单、坚固耐用、工作可靠、价格低廉、维护方便，但调速困难，功率因数较低，起动性能较差。因此在要求机械特性较硬而无特殊调速要求的一般生产机械的拖动应尽可能采用鼠笼式电动机。只有在不方便采用鼠笼式异步电动机时才采用绕线式电动机。

（2）结构型式的选择。电动机常制成以下几种结构型式：

①开启式。在构造上无特殊防护装置，用于干燥无灰尘的场所。通风非常良好。

②防护式。在机壳或端盖下面有通风罩，以防止铁屑等杂物掉入。也有将外壳做成挡板状，以防止在一定角度内有雨水滴溅入其中。

③封闭式。它的外壳严密封闭，靠自身风扇或外部风扇冷却，并在外壳带有散热片。在灰尘多、潮湿或含有酸性气体的场所，可采用它。

④防爆式。整个电机严密封闭，用于有爆炸性气体的场所。

（3）安装结构型式的选择：

①机座带底脚（B_3 型），端盖无凸缘。

②机座不带底脚（B_5 型），端盖有凸缘。

③机座带底脚（B_{35} 型），端盖有凸缘。

（4）电压和转速的选择

①电压的选择。电动机电压等级的选择，要根据电动机类型、功率以及使用地点的电源电压来决定。Y 系列鼠笼式电动机的额定电压只有 380V 一个等级。只有大功率异步电动机才采用 3000V 和 6000V。

②转速的选择。电动机的额定转速是根据生产机械的要求而选定的。但通常转速不低于 500r/min。因为当功率一定时，电动机的转速愈低，则其尺寸愈大，价格愈贵，且效率也较低。因此就不如购买一台高速电动机再另配减速器来得合算。

异步电动机通常采用 4 个极的，即同步转速 $n_0 = 1500$r/min。

例 3-5：有一个 Y225M-4 型三相鼠笼式异步电动机，额定数据如表 3-8 所示。试求（1）额定电流；（2）额定转差率 S_N；（3）额定转矩 T_N、最大转矩 T_{max}、起动转矩 T_{st}。

表 3-8　　　　Y225M-4 型三相鼠笼式异步电动机额定数据

功率/kW	转速/(r/min)	电压/V	效率	功率因数	I_{st}/I_N	T_{st}/T_N	T_{max}/T_N（λ）
45	1480	380	92.3%	0.88	7.0	1.9	2.2

解：(1)

$$I_N = \frac{P_2}{\sqrt{3}U_N\cos\varphi_N\eta} = \frac{45\times 10^3}{\sqrt{3}\times 380\times 0.88\times 0.923} = 84.2(\text{A})$$

(2) 已知电动机是 4 极的，即 $p=2$，$n_0=1500\text{r/min}$，所以

$$s_N = \frac{n_0-n}{n_0} = \frac{1500-1480}{1500} = 0.013$$

(3)

$$T_N = 9550\frac{P_N}{n_N} = 9550\times\frac{45}{1480} = 290.4\ (\text{N}\cdot\text{m})$$

$$T_{st} = \frac{T_{st}}{T_N}T_N = 1.9\times 290.4 = 551.8\ (\text{N}\cdot\text{m})$$

$$T_{max} = \lambda T_N = 2.2\times 290.4 = 638.9\ (\text{N}\cdot\text{m})$$

三、异步电动机的起动与调速分析

(一) 起动特性分析

1. 起动电流 I_{st}

在刚起动时，由于旋转磁场对静止的转子有着很大的相对转速，磁力线切割转子导体的速度很快，这时转子绕组中感应出的电动势和产生的转子电流均很大，同时，定子电流必然也很大。一般中小型鼠笼式电动机定子的起动电流可达额定电流的 5～7 倍。

注意：在实际操作时应尽可能不让电动机频繁起动。如金属切削机床加工时，一般只是用摩擦离合器或电磁离合器将主轴与电机轴脱开，而不将电动机停下来。

2. 起动转矩 T_{st}

电动机起动时，转子电流 I_2 虽然很大，但转子的功率因数 $\cos\varphi_2$ 很低，由公式 $T=C_M\Phi I_2\cos\varphi_2$ 可知，电动机的起动转矩 T 较小，通常 $T_{st}/T_N=1.1\sim 2.0$。

起动转矩小可造成以下问题：

(1) 会延长起动时间；

(2) 不能在满载下起动。

因此应设法提高。但起动转矩如果过大，会使传动机构受到冲击而损坏，所

以一般机床的主电动机都是空载起动（起动后再切削），对起动转矩没有什么要求。

综上所述，异步电机的主要缺点是起动电流大而起动转矩小。因此，我们必须采取适当的起动方法，以减小起动电流并保证有足够的起动转矩。

（二）鼠笼式异步电动机的起动方法

1. 直接起动

直接起动又称为全压起动，就是利用闸刀开关或接触器将电动机的定子绕组直接加到额定电压下起动。

这种方法只用于小容量的电动机或电动机容量远小于供电变压器容量的场合。

2. 降压起动

在起动时降低加在定子绕组上的电压，以减小起动电流，待转速上升到接近额定转速时，再恢复到全压运行。

此方法适于大中型鼠笼式异步电动机的轻载或空载起动。

（1）星形—三角形（Y—△）换接起动。起动时，将三相定子绕组接成星形，待转速上升到接近额定转速时，再换成三角形。这样，在起动时就把定子每相绕组上的电压降到正常工作电压的 $1/\sqrt{3}$。

此方法只能用于正常工作时定子绕组为三角形联接的电动机。

这种换接起动可采用星三角起动器来实现。星三角起动器体积小、成本低、寿命长、动作可靠。

（2）自耦降压起动。自耦降压起动是利用三相自耦变压器将电动机在起动过程中的端电压降低。起动时，先把开关 Q_2 扳到"起动"位置，当转速接近额定值时，将 Q_2 扳向"工作"位置，切除自耦变压器。

采用自耦降压起动，也同时能使起动电流和起动转矩减小。

正常运行作星形联接或容量较大的鼠笼式异步电动机，常用自耦降压起动。

（三）三相异步电动机的调速

调速就是在同一负载下能得到不同的转速，以满足生产过程的要求。

与转速有关的公式如下：

$$S = \frac{n_0 - n}{n_0}$$

$$n = (1-S)n_0 = (1-S)\frac{60f}{p}$$

可见，可通过三个途径进行调速：改变电源频率 f，改变磁极对数 p，改变转差率 s。前两者是鼠笼式电动机的调速方法，后者是绕线式电动机的调速方法。

1. 变频调速

此方法可获得平滑且范围较大的调速效果，且具有硬的机械特性；但须有专门的变频装置——由可控硅整流器和可控硅逆变器组成，设备复杂，成本较高，应用范围不广。

2. 变极调速

此方法不能实现无极调速，但它简单方便，常用于金属切削机床或其他生产机械上。

3. 转子电路串电阻调速

在绕线式异步电动机的转子电路中，串入一个三相调速变阻器进行调速。

此方法能平滑地调节绕线式电动机的转速，且设备简单、投资少；但变阻器增加了损耗，故常用于短时调速或调速范围不太大的场合。

由以上可知，异步电动机的各种调速方法都不太理想，所以异步电动机常用于要求转速比较稳定或调速性能要求不高的场合。

（四）三相异步电动机的制动

制动是给电动机一个与转动方向相反的转矩，促使它在断开电源后很快地减速或停转。对电动机制动，也就是要求它的转矩与转子的转动方向相反，这时的转矩称为制动转矩。常见的电气制动方法有：

1. 反接制动

当电动机快速转动而需停转时，改变电源相序，使转子受一个与原转动方向相反的转矩而迅速停转。

注意：当转子转速接近零时，应及时切断电源，以免电机反转。

为了限制电流，对功率较大的电动机进行制动时必须在定子电路（鼠笼式）或转子电路（绕线式）中接入电阻。

这种方法比较简单，制动力强，效果较好，但制动过程中的冲击也强烈，易损坏传动器件，且能量消耗较大，频繁反接制动会使电机过热。对有些中型车床和铣床的主轴的制动采用这种方法。

2. 能耗制动

电动机脱离三相电源的同时，给定子绕组接入一直流电源，使直流电流通入定子绕组。于是在电动机中便产生一方向恒定的磁场，使转子受一与转子转动方向相反的力的作用，于是产生制动转矩，实现制动。

直流电流的大小一般为电动机额定电流的 0.5~1 倍。

由于这种方法是用消耗转子的动能（转换为电能）来进行制动的，所以称为能耗制动。

这种制动能量消耗小，制动准确而平稳，无冲击，但需要直流电流。在有些机床中采用这种制动方法。

3. 发电反馈制动

当转子的转速 n 超过旋转磁场的转速 n_0 时，这时的转矩也是制动的。

如：当起重机快速下放重物时，重物拖动转子，使其转速 $n > n_0$，重物受到制动而等速下降。

四、单相异步电机

单相异步电动机的定子绕组由单相电源供电,定子上有一个或二个绕组,转子多半为笼型。单相异步电动机具有结构简单、成本低廉、噪声小等优点,因此广泛用于工业、农业、医疗和家用电器等方面,最常见的如风扇、洗衣机、电冰箱、空调等。与同容量的三相异步电动机相比,单相异步电动机的体积较大,运行性能较差。

(一) 单相异步电动机的结构

单相异步电动机中,专用电机占有很大比例,它们的结构各有特点,形式繁多。但就其共性而言,电动机的结构都由固定部分——定子,转动部分——转子,支撑部分——端盖和轴承等三大部分组成。

单相异步电机各部分功能介绍如下:

1. 机座

机座结构随电动机冷却方式、防护型式、安装方式和用途而异。按其材料分类,有铸铁、铸铝和钢板结构等几种。

铸铁机座,带有散热筋。机座与端盖联接,用螺栓紧固。铸铝机座一般不带有散热筋。钢板结构机座,是由厚为1.5~2.5mm的薄钢板卷制、焊接而成,再焊上钢板冲压件的底脚。有的专用电动机的机座相当特殊,如电冰箱的电动机,它通常与压缩机一起装在一个密封的罐子里。而洗衣机的电动机,包括甩干机的电动机,均无机座,端盖直接固定在定子铁心上。

2. 铁心

铁心包括定子铁心和转子铁心,作用与三相异步电动机一样,是用来构成电动机的磁路。

3. 绕组

单相异步电动机定子绕组常做成两相:主绕组(工作绕组)和副绕组(起动绕组)。两种绕组的中轴线错开一定的电角度。目的是为了改善起动性能和运行性能。定子绕组多采用高强度聚酯漆包线绕制。

转子绕组一般采用笼型绕组。常用铝压铸而成。

4. 端盖

相应于不同的机座材料,端盖也有铸铁件、铸铝件和钢板冲压件。

5. 轴承

轴承有滚珠轴承和含油轴承。

6. 离心开关或起动继电器和PTC起动器

(1) 离心开关。在单相异步电动机中,除了电容运转电动机外,在起动过程中,当转子转速达到同步转速的70%左右时,常借助于离心开关,切除单相电阻起动异步电动机和电容起动异步电动机的起动绕组,或切除电容起动及运转异步电动机的起动电容器。离心开关一般安装在轴伸端盖的内侧。

(2) 起动继电器。有些电动机，如电冰箱电动机，由于它与压缩机组装在一起，并放在密封的罐子里，不便于安装离心开关，就用起动继电器代替。继电器的吸铁线圈串联在主绕组回路中，起动时，主绕组电流很大，衔铁动作，使串联在副绕组回路中的动合触点闭合。于是副绕组接通，电动机处于两相绕组运行状态。随着转子转速上升，主绕组电流不断下降，吸引线圈的吸力下降。当到达一定的转速，电磁铁的吸力小于触点的反作用弹簧的拉力，触点被打开，副绕组就脱离电源。

(3) PTC 起动器。最新式的起动元件是"PTC"，它是一种能"通"或"断"的热敏电阻。PTC 热敏电阻是一种新型的半导体元件，可用作延时型起动开关。使用时，将 PTC 元件与电容起动或电阻起动电机的副绕组串联。在起动初期，因 PTC 热敏电阻尚未发热，阻值很低，副绕组处于通路状态，电机开始起动。随着时间的推移，电机的转速不断增加，PTC 元件的温度因本身的焦耳热而上升，当超过居里点 T_c （即电阻急剧增加的温度点），电阻剧增，副绕组电路相当于断开，但还有一个很小的维持电流，并有 2～3W 的损耗，使 PTC 元件的温度维持在居里点 T_c 值以上。当电机停止运行后，PTC 元件温度不断下降，约 2～3min 其电阻值降到 T_c 点以下，这时又可以重新起动，这一时间正好是电冰箱和空调机所规定的两次开机间的停机时间。

PTC 起动器的优点是无触点、运行可靠、无噪声、无电火花、防火、防爆性能好，且耐振动、耐冲击、体积小、重量轻、价格低。

7. 铭牌

包括：电机名称、型号、标准编号、制造厂名、出厂编号、额定电压、额定功率、额定电流、额定转速、绕组接法、绝缘等级等。

(二) 单相异步电动机的工作原理

单相异步电动机的工作原理与三相异步电动机相似，由定子绕组通入交流电产生旋转磁场，切割转子导体产生感应电压和电流，从而产生电磁转矩使转子转动。

单相异步电动机根据起动方法不同可分为分相式电动机、电容式电动机和罩极式电动机。

1. 分相式电动机

分相式电动机常用于泵、压缩机、冷冻机、传送机、机床等。分相式电动机的接线原理图如图 3-50 所示。

这种电动机的定子有两个绕组，一个是主绕组 WM（也称工作绕组），另一个是副绕组 WS（也称起动绕组），且它们在空间相隔 90°，起动绕组 WS 经离心开关 S 与电容器串联后并接于单相交流电源上，如图 3-50（a）所示。只要电容器选择适当，就可使起动绕组的电流在相位上超前于工作绕组的电流接近

90°，当交流电分别通入这两个在空间互差 90°的绕组，就能产生一个旋转磁场，于是转子就会顺着同一方向转动起来。在接近额定转速时，借助离心力的作用把开关 S 断开（在起动时是靠弹簧使其闭合的），以切断起动绕组，电动机成为单相运行。电容起动式异步电动机的转动方向是由起动绕组和工作绕组的接法所决定的。若要改变其转向，只要换接任一绕组电源线端即可。

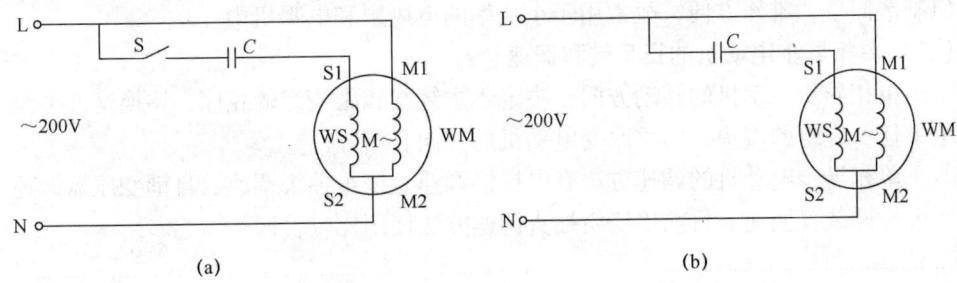

图 3-50 电容分相式异步电动机原理图

还有一种叫电容运转式异步电动机，它的起动绕组不仅在起动时工作，还长期处于运行状态，如图 3-50（b）所示。运行时可产生较强的旋转磁场，以提高运行性能。它的功率因数、效率、过载能力均比电容起动式电动机要好。这种电动机广泛应用于家用电器的电扇、洗衣机中。

图 3-51 为洗衣机电机正反转控制原理图。洗涤时要求能实现正反转，且两个转向性能要一致，故两个绕组完全相同可以互换。当 S 置"1"时，则 W1 作工作绕组，电容 C 与绕组 W2 串联，电动机为正转；当 S 置"2"时，W2 作工作绕组，电容 C 与绕组 W1 串联，电动机反转。

2. 罩极式电动机

罩极式电动机的结构如图 3-52 所示。在定子上有凸出的磁极 1，主绕组 2（定子绕组）就套装在这个磁极上，在极面上开有一凹槽，在极面小的部分嵌入短路铜环 3。它相当于一个副绕组，短路铜环部分的磁极称为被罩部分，其余则称为未罩部分。当定子绕组通入交流电时，产生的交变磁通在极面上被分为两部

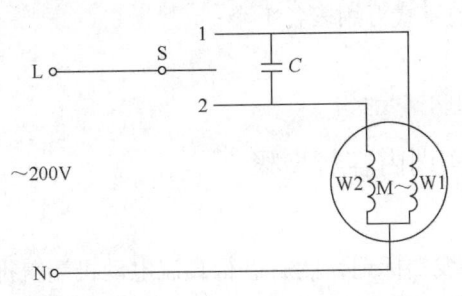

图 3-51 电容分相式异步电机正反转控制

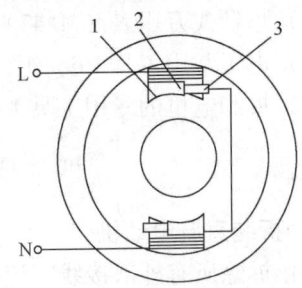

图 3-52 罩极式异步电机
1—磁极　2—主绕组　3—副绕组

分，由于短路铜环的作用，使得穿过短路铜环的磁通所产生的感应电流阻碍主磁通的变化。被罩部分的磁通在时间上滞后于未罩部分的磁通一个电角度，即磁通在空间被分成相位不同的两部分，产生一个移动磁场，在移动磁场的作用下，转子便转动起来，旋转方向是由磁极的未罩部分向被罩部分转动。

罩极式单相异步电动机的起动转矩小，效率、功率因数和过载能力等较差，但制造简单，维修方便，故常用于小功率的电风扇和电唱机中。

（三）单相异步电动机的正反转和调速

单相异步电动机的转动方向，决定于主绕组和副绕组的相序，调换这两个绕组中任一绕组的端头，即可改变电动机的转向。

单相异步电动机的调速方法有电抗器调速、绕组抽头调速、自耦变压器调速和可控硅装置调速。目前以绕组抽头调速方法使用比较普遍。

【训练项目2】直流电动机的拆装及检测

一、项目目标

（1）能用双臂电桥测量直流电动机绕组电阻；
（2）会拆装直流电动机；
（3）会判别电动机的好坏。

二、项目要求

（1）电机拆装的零件应分类放置；
（2）掌握电机的检测方法；
（3）电机组装好后能正常运转。

三、项目实训仪器、设备及实训材料

（1）直流电机3kW，1台/组；
（2）指针式万用表（MF47）和数字式万用表各1个；
（3）电工常用工具1套/组；
（4）拆卸电机的专用工具1套/组。

四、项目实训内容与步骤

任务1　拆装直流电动机

（1）拆除所有外部接线，记好各线端标记，然后进行直流电动机端盖拆卸，查看电机结构，说明各部分作用；
（2）拆除换向器侧螺钉和轴承盖螺钉，取下轴承盖；

(3) 打开换向器侧的通风窗，从刷握中取出炭刷，再拆下接到刷杆和连接线，并做好标记；

(4) 拆卸换向器侧的端盖；

(5) 拆除轴承侧的端盖，将电枢连同端盖一起从电机中抽出，注意不要碰伤绕组；

(6) 电机的装配和电机的拆卸过程相反，注意所做的标记使各部件复位，最后恢复接线。

任务2 双臂电桥测量直流电动机磁绕组电阻

(1) 先用万用表测量直流电机线圈的电阻；

(2) 根据测的电阻值再用电桥进行测量。

五、思考与分析

(1) 直流电动机工作时电磁原理的应用。

(2) 电机各部分的位置及作用。

(3) 电机通电时要先加哪个绕组的电源？为什么？

【知识链接】直流电动机

能把直流电转换成机械能的电机称为直流电动机。

一、直流电动机的构造

直流电动机由磁极、电枢、换向器等组成。

1. 磁极

磁极由电枢壳体内的磁极铁心和磁极铁心上的磁场绕组组成，用来建立电机的磁场。为使电动机能产生强大的电磁力矩，一般采用4个（2对）磁极，在大功率时可用6个（3对）磁极。

2. 电枢

电枢由安装在电枢轴上的、外圆带槽的硅钢片叠成的铁心和绕在铁心上的电枢绕组组成，用来在电动机工作时产生电磁力矩。

3. 换向器

换向器由安装在起动机轴上的整流子和安装在电刷架中的电刷组成。用来联接磁场和电枢绕组的电路，并保持处于同一磁极下的导体中流过的电流方向不变，从而使电枢轴上产生一定方向的电磁力矩。整流子由许多铜片制成的换向片组成，换向片与换向片之间、换向片与轴套之间，均用云母绝缘。电刷装在电刷架中，并通过弹簧将电刷压向换向片，使电刷和换向片之间保持一定压力，压力大小出厂时有规定。由于流经换向器的电流很大，电刷一般由含铜石墨制成。

二、直流电动机的工作原理

图 3-53 是最简单的直流电动机。在两个固定的磁极 N、S 之间放置一个可以旋转的圆柱形铁心（图中未画出），铁心上固定一匝线圈，称为电枢线圈，线圈的两端盘 a、d 分别接在两个跟铁心与轴一起旋转的半圆形铜片上，两铜片相互绝缘，这两块半圆形的铜片组成最简单的换向器（又称为整流器），在换向器铜片上装有两个固定的石墨炭刷，在换向器旋转时能可靠地接触，通过换向器与炭刷，直流电动机的电枢线圈可与外电路接通。

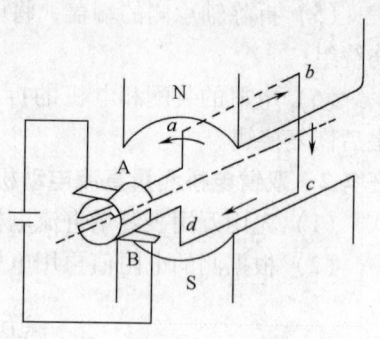

图 3-53　最简单的直流电动机

把电动机的炭刷引出端接在直流电源上，电流经电源正极、炭刷、换向器 A 流入线圈 abcd，经换向器 B、炭刷流回电源负极。由于载流导线 ab 和 cd 在磁场中受力，产生电枢转矩，用左手定则可以确定电枢逆时针方向旋转。当导线从 N 极转入 S 极时，由于整流器 A 也同时旋转，与电源负极端炭刷接触，使导线 ab 中的电流方向发生改变，也就是说 N 极端的导线电流方向总是流入，S 极端的导线电流方向总是流出，从而保证了电磁转矩的方向始终保持不变。所以在直流电动机中，换向器把外加直流电源的直流电改变方向，使电枢内部流过交流电，以产生方向不变的电磁转矩。

三、直流电动机的激磁方式和机械特性

直流电动机磁场与电枢的接法可分为并激式、串激式和复激式三种，如图 3-54 所示。目前汽车电动机普遍采用串激式直流电动机，也有一些大功率电动机采用复激式直流电动机。

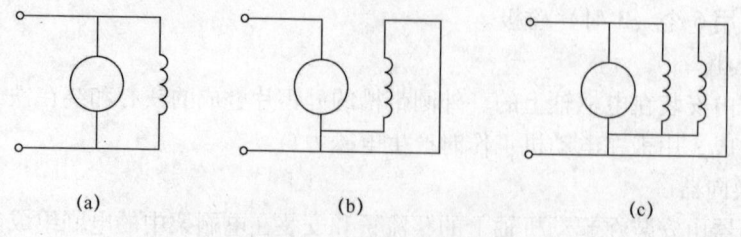

图 3-54　直流电动机的激磁方式
（a）并激式　（b）串激式　（c）复激式

1. 串激式

因为激磁线圈和电枢线圈是串联，所以流经磁场线圈的电流与流经电枢线圈的电流相等，而且等于输入电动机的总电流。串激式直流电动机具有较好的机械

特性，在低转速下扭矩很大，随着转速的升高，扭矩逐渐减小，这一特性很适合汽车发动机的起动要求。

2. 并激式

因为激磁线圈和电枢线圈是并联，直流电动机在电源电压不变时，激磁电流变化很小，磁通密度变化较小；当负荷增加时，电动机的转速略有下降，反电动势也略减，所以电动机转速相当平稳。

3. 复激式

激磁线圈和电枢线圈既有串联，又有并联。复激式电动机的空载运行情况与并激式电动机一样，当负载逐渐增加使串激磁场逐渐加强后，其运行情况接近串激式电动机。它的机械特性曲线介于并激式直流电动机与串激式直流电动机之间。

子情境四 异步电动机典型控制电路安装

能力目标：

（1）能进行各种开关、控制电器的检查；

（2）会调整热继电器的整定值；

（3）能应用万用表、兆欧表检测电器元件及电动机的有关技术数据是否符合要求；

（4）能完成各种典型控制电路安装、调试。

知识目标：

（1）了解熔断器的常见类型；

（2）熟悉各种典型控制电路的工作原理。

【训练项目1】三相异步电机单向自锁控制电路的安装和调试

一、项目目标

（1）能完成接触器控制的电机点动单向运转电路安装；

（2）会排除安装过程中出现的电气故障；

（3）掌握接触器的工作原理、结构、图形符号；

（4）了解按钮开关的结构、图形符号；

（5）掌握电动机运行工作原理；

（6）掌握用万用表检查电路的方法。

二、项目要求

(1) 按图纸的要求正确熟练地安装,元件在电控柜上布置要合理,安装要准确牢固,布线要求整齐美观,交叉跨越合理;
(2) 正确使用工具和仪表选择和调整元件;
(3) 安全文明操作;
(4) 装接完毕后,提请指导教师到位方可通电试车;
(5) 能正确、熟练地对电路进行调试;
(6) 如遇故障自行排除。

三、项目实训仪器、设备及实训材料

(1) 三相交流电源;
(2) 三相鼠笼式异步电动机 20 台;
(3) 指针式万用表(MF47)和数字式万用表各 1 个/组;
(4) 兆欧表 10 个;
(5) 导线若干;
(6) 控制柜 1 台/人。

四、项目实训内容与步骤

任务 1 三相异步电动机的正转主电路安装接线

图 3-55 为三相异步电动机的单相运转电路。

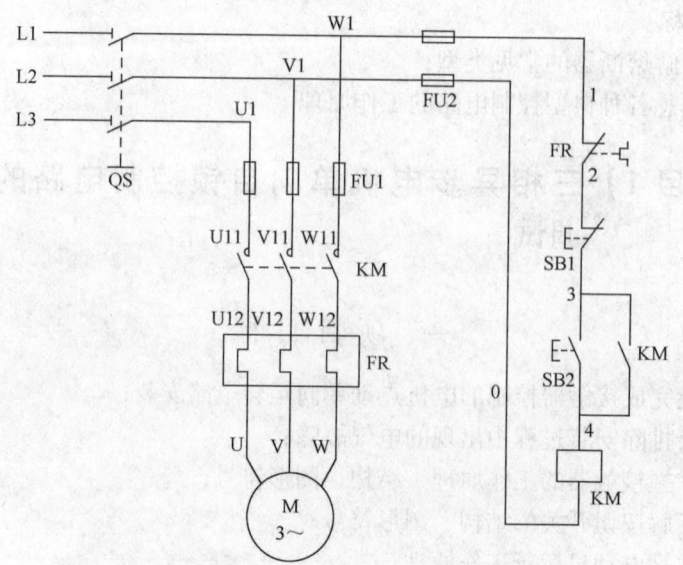

图 3-55 三相异步电动机的单向运转电路

(1) 熟悉图 3-55，理解电路工作原理，画出电路的接线图；
(2) 元器件检查（接触器、开关、按钮及热继电器检查），检查电动机，明确其使用方法，有坏的及时更换；
(3) 按接线图进行主电路安装接线；
(4) 用万用表检查接线是否正确；
(5) 主电路通电测试线路检查、试送电。

任务 2　三相异步电动机的正转控制电路安装接线
(1) 按接线图进行控制电路安装接线；
(2) 电路检查，电机检查试送电；
(3) 用钳型电流表测量电机线电流。

五、思考与分析

(1) 如何将点动控制改成既有点动又有连续运行的控制？
(2) 比较接触器控制与开关控制直接起动电动机的电路的优缺点。

【训练项目 2】三相异步电动机的正反转电路安装

一、项 目 目 标

(1) 能完成接触器和按钮联锁的正反转电路安装；
(2) 会排除安装过程中出现的电气故障；
(3) 应用行程开关实现电动机的自动往返控制；
(4) 掌握接触器的工作原理、结构、图形符号；
(5) 了解按钮开关的结构、图形符号；
(6) 掌握电动机运行工作原理。

二、项 目 要 求

(1) 按图纸的要求正确熟练地安装，元件在电控柜上布置要合理，安装要准确牢固，布线要求整齐美观，交叉跨越合理；
(2) 正确使用工具和仪表选择和调整元件；
(3) 安全文明操作；
(4) 装接完毕后，提请指导教师到位方可通电试车；
(5) 能正确、熟练地对电路进行调试；
(6) 如遇故障自行排除。

三、项目实训仪器、设备及实训材料

(1) 三相交流电源；

(2) 三相鼠笼式异步电动机 20 台；

(3) 指针式万用表（MF47）和数字式万用表各 1 个/组；

(4) 兆欧表 10 个；

(5) 导线若干；

(6) 控制柜，1 台/人。

四、项目实训内容与步骤

任务 1 三相异步电动机的正反转主电路安装接线

(1) 熟悉图 3-56，理解电路工作原理；画出电路接线图；

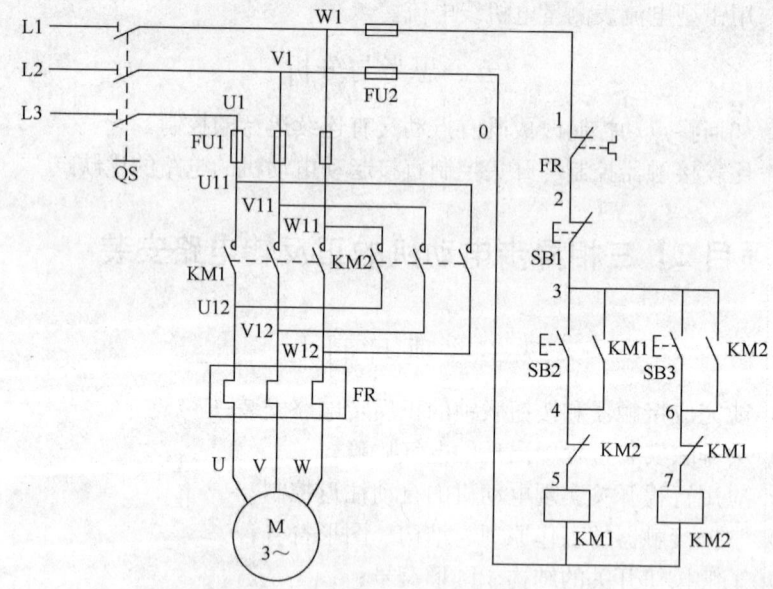

图 3-56 三相异步电动机的正反转电路

(2) 元器件检查（接触器、开关、按钮及热继电器检查）；

(3) 按接线图进行主电路安装接线；

(4) 主电路通电测试线路检查、试送电。

任务 2 三相异步电动机的正反转控制电路安装接线

(1) 按原理图进行控制电路安装接线；

(2) 电路检查，电机检查试送电；

(3) 用钳型电流表测量电机线电流。

五、思考与分析

(1) 总结接触器互锁原理电路的优缺点。如何改进可得到机械联锁的控制电路？

(2) 如何实现线号的编写？

【训练项目3】三相异步电动机 Y−△ 降压起动控制电路的安装和调试

一、项目目标

(1) 能完成接触器和按钮联锁的正反转电路安装；
(2) 会排除安装过程中出现的电气故障；
(3) 应用行程开关实现电动机的自动往返控制；
(4) 掌握接触器的工作原理、结构、图形符号。

二、项目要求

(1) 按图纸的要求正确熟练地安装，元件在电控柜上布置合理，安装要准确牢固，布线整齐美观，交叉跨越合理；
(2) 正确使用工具和仪表选择和调整元件；
(3) 装接完毕后，提请指导教师到位方可通电试车；
(4) 能正确、熟练地对电路进行调试；
(5) 如遇故障自行排除。

三、项目实训仪器、设备及实训材料

(1) 三相交流电源；
(2) 三相鼠笼式异步电动机 20 台；
(3) 指针式万用表（MF47）和数字式万用表各 1 个/组；
(4) 兆欧表 10 个；
(5) 导线若干；
(6) 控制柜 1 台/人。

四、项目实训内容与步骤

任务1 三相异步电动机的 Y−△ 主电路安装接线

(1) 熟悉图 3-57，理解电路工作原理；画出接线图；
(2) 元器件检查（接触器、开关、按钮及热继电器检查）；
(3) 按接线图进行主电路安装接线；
(4) 主电路通电测试线路检查、试送电。

任务2 三相异步电动机的 Y−△ 控制电路安装接线

(1) 按接线图进行控制电路安装接线；
(2) 电路检查，检查控制电路电阻应为 KM、KM2、KT 的并联电阻值，检

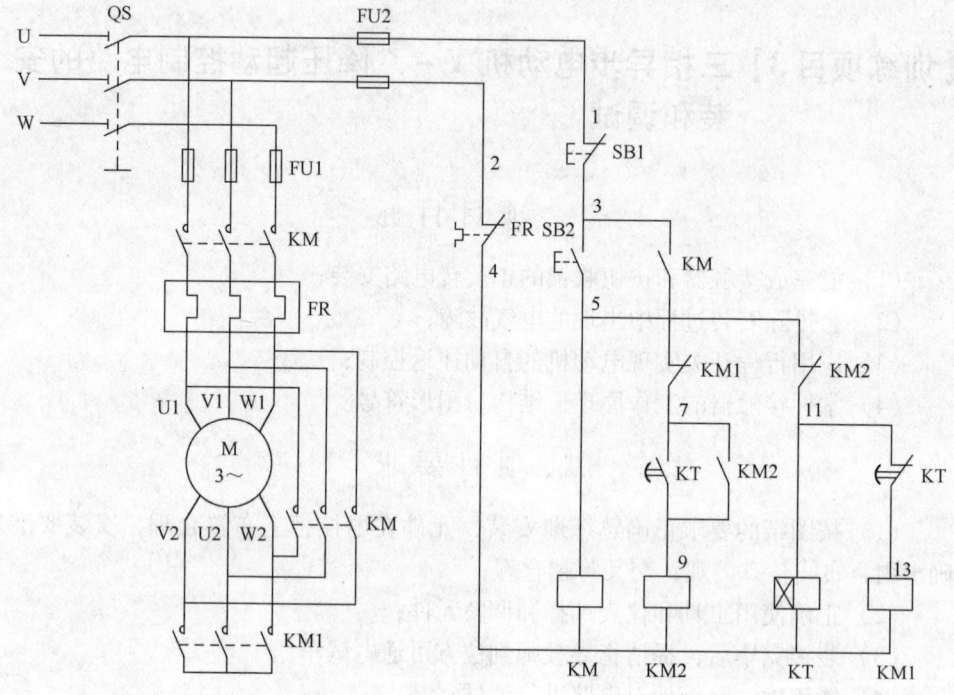

图 3-57 三相异步电动机的 Y-△降压起动电路

查电机,无误后试送电;

(3) 用钳型电流表测量电机线电流。

五、思考与分析

(1) 常用的减压起动一般有几种方法?
(2) Y-△起动控制电路对负载电动机有何要求?
(3) Y-△起动控制电路在安装时的注意事项有哪些?

【知识链接1】常用低压电器

一、手动电器

(一) 刀开关

刀开关又叫闸刀开关(图 3-58),一般用于不频繁操作的低压电路中,用作接通和切断电源,有时也用来控制小容量电动机的直接起动与停机。

刀开关由闸刀(动触点)、静插座(静触点)、手柄和绝缘底板等组成。

刀开关的种类很多。按极数(刀片数)分为单极、双极和三极;按结构分为平板式和条架式;按操作方式分为直接手柄操作式、杠杆操作机构式和电动操作机构式；按转换方向分为单投和双投等。

刀开关一般与熔断器串联使用，以便在短路或过负荷时熔断器熔断而自动切断电路。

刀开关的额定电压通常为 250V 和 500V，额定电流在 1500A 以下。

考虑到电机较大的起动电流，刀闸的额定电流值应选择为 3～5 倍异步电机额定电流。

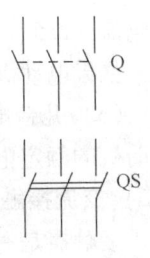

图 3-58 刀开关

（二）按钮

按钮常用于接通、断开控制电路，它的结构和电路符号见图 3-59。

按钮上的触点分为常开触点和常闭触点，由于按钮的结构特点，按钮只起发出"接通"和"断开"信号的作用。

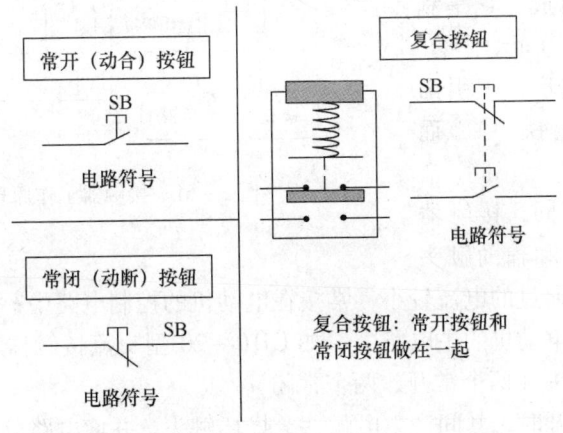

图 3-59 按钮的结构和符号

二、自 动 电 器

（一）熔断器

熔断器主要作短路或过载保护用，串联在被保护的线路中。线路正常工作时如同一根导线，起通路作用；当线路短路或过载时熔断器熔断，起到保护线路上其他电器设备的作用。熔断器的电路符号如图 3-60。

熔断器的结构有管式、磁插式、螺旋式等几种。其核心部分熔体（熔丝或熔片）是用电阻率较高的易熔合金制成，如铅锡合金；或者是用截面积较小的导体制成。

熔体额定电流 I_F 的选择：

(1) 无冲击电流的场合（如电灯、电炉）$I_F \geq I_L$；

(2) 一台电动机的熔体：熔体额定电流≥电动机的起

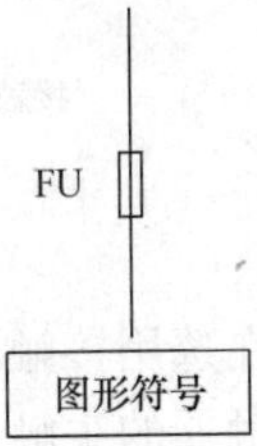

图 3-60 熔断器符号

动电流÷2.5；

如果电动机起动频繁，则为：熔体额定电流≥电动机的起动电流÷(1.6~2)；

（3）几台电动机合用的总熔体：熔体额定电流=(1.5~2.5)×容量最大的电动机的额定电流+其余电动机的额定电流。

（二）交流接触器

接触器是一种自动开关，是电力拖动中主要的控制电器之一，它分为直流和交流两类。其中，交流接触器常用来接通和断开电动机或其他设备的主电路。图3-61是交流接触器的主要结构图。接触器主要由电磁铁和触头两部分组成。它是利用电磁铁的吸引力而动作的。当电磁线圈通电后，吸引山字形动铁心（上铁心），而使常开触头闭合。

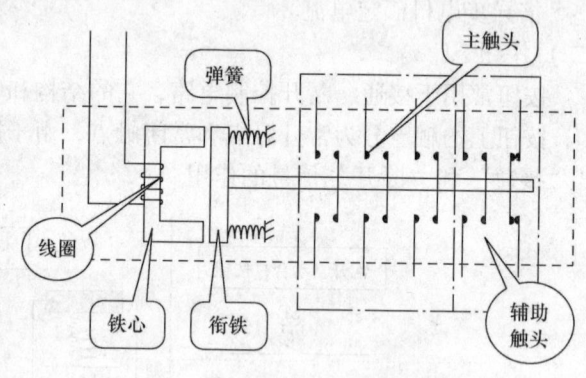

图3-61 接触器工作原理图

根据用途不同，接触器的触头分主触头和辅助触头两种。辅助触头通过的电流较小，常接在电动机的控制电路中；主触头能通过较大电流，常接在电动机的主电路中。如CJ10-20型交流接触器有三个常开主触头和四个辅助触头（两个常开，两个常闭）。

当主触头断开时，其间产生电弧，会烧坏触头，并使电路分断时间拉长，因此，必须采取灭弧措施。通常交流接触器的触头都做成桥式结构，它有两个断点，以降低触头断开时加在断点上的电压，使电弧容易熄灭，同时各相间装有绝缘隔板，可防止短路。在电流较大的接触器中还专门设有灭弧装置。接触器的电路符号见图3-62。

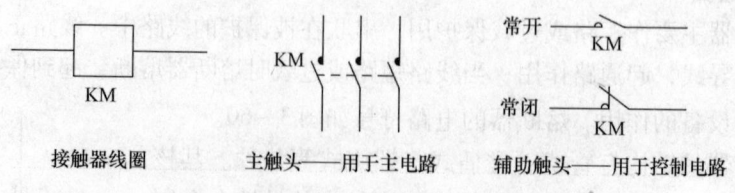

图3-62 接触器电路符号

在选用接触器时，应注意它的额定电流、线圈电压及触头数量等。CJ10系列接触器的主触头额定电流有5、10、20、40、75、120A等数种。

（三）中间继电器

中间继电器的结构与接触器基本相同，只是体积较小，触点较多，通常用来传递信号和同时控制多个电路，也可以用来控制小容量的电动机或其他执行元件。

常用的中间继电器有 JZ7 系列，触点的额定电流为 5A，选用时应考虑线圈的电压。

（四）热继电器

热继电器是用来保护电动机，使之免受长期过载危害的继电器。

热继电器是利用电流的热效应而动作的，它的工作原理如图 3-63 所示。图中热元件是一段电阻不大的电阻丝，接在电动机的主电路中的双金属片，由两种具有不同线膨胀系数的金属采用热和压力辗压而成，亦可采用冷结合，其中，下层金属的膨胀系数大，上层的小。当主电路中电流超过容许值，双金属片受热向上弯曲致使脱扣，扣板在弹簧的拉力下将常闭触头断开。触头是接在电动机的控制电路中的，控制电路断开使接触器的线圈断电，从而断开电动机的主电路。

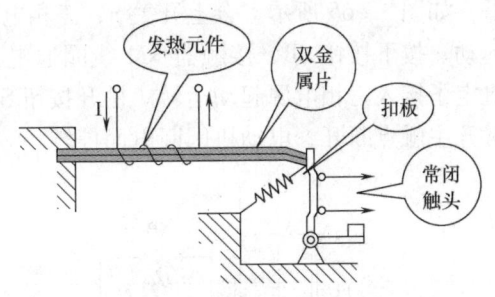

图 3-63 热继电器工作原理图

由于热惯性，热继电器不能作短路保护，因为发生短路事故时，要求电路立即断开，而热继电器是不能立即动作的。但是这个热惯性又是合乎工作要求的，比如在电动机起动或短时过载时，由于热惯性热继电器不会动作，这可避免电动机的不必要的停车。如果要热继电器复位，则按下复位按钮即可。

常用的热继电器有 JR0、JR10 及 JR16 等系列。热继电器的主要技术数据是整定电流。所谓整定电流，就是热元件通过的电流超过此值的 20% 时，热继电器应当在 20min 内动作。JR0—40 型的整定电流从 0.6～40A 有 9 种规格。选用热继电器时，应使其整定电流与电动机的额定电流基本上一致。

（五）行程开关

行程开关结构与按钮类似，但其动作要由机械撞击，用作电路的限位保护、行程控制、自动切换等。

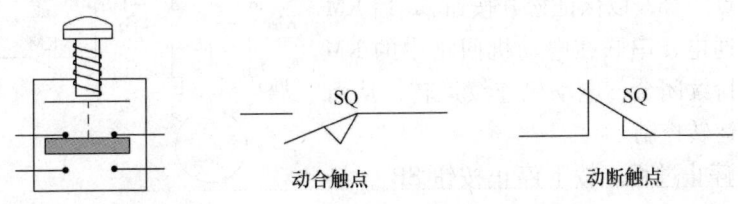

图 3-64 行程开关结构示意图和电路符号

【知识链接 2】三相异步电动机的控制

一、直接起动控制电路

直接起动即起动时把电动机直接接入电网，加上额定电压，一般来说，电动机的容量不大于直接供电变压器容量的 20%~30% 时，都可以直接起动。

（一）点动控制

如图 3-65 所示，合上开关 S，三相电源被引入控制电路，但电动机还不能起动。按下按钮 SB，接触器 KM 线圈通电，衔铁吸合，常开主触点接通，电动机定子接入三相电源起动运转。松开按钮 SB，接触器 KM 线圈断电，衔铁松开，常开主触点断开，电动机因断电而停转。

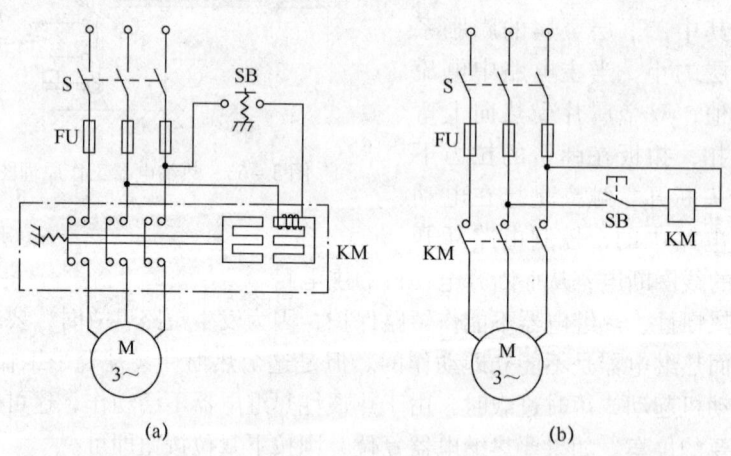

图 3-65 点动控制
（a）接线示意图 （b）电气原理图

（二）直接起动控制

如图 3-66 所示。

（1）起动过程。按下起动按钮 SB_1，接触器 KM 线圈通电，与 SB_1 并联的 KM 的辅助常开触点闭合，以保证松开按钮 SB_1 后 KM 线圈持续通电，串联在电动机回路中的 KM 的主触点持续闭合，电动机连续运转，从而实现连续运转控制。

（2）停止过程。按下停止按钮 SB_2，接触器 KM 线圈断电，与 SB_1 并联的 KM 的辅

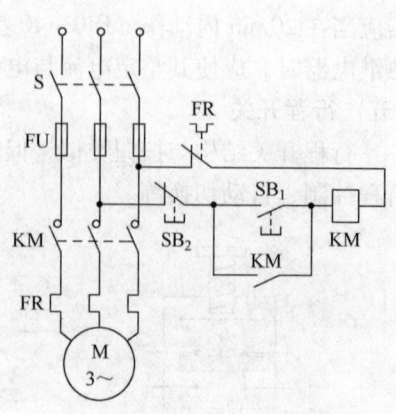

图 3-66 直接起动控制

助常开触点断开,以保证松开按钮 SB_2 后 KM 线圈持续失电,串联在电动机回路中的 KM 的主触点持续断开,电动机停转。

与 SB_1 并联的 KM 的辅助常开触点的这种作用称为自锁。

图示控制电路还可实现短路保护、过载保护和零压保护。

起短路保护作用的是串接在主电路中的熔断器 FU。一旦电路发生短路故障,熔体立即熔断,电动机立即停转。

起过载保护作用的是热继电器 FR。当过载时,热继电器的发热元件发热,将其常闭触点断开,使接触器 KM 线圈断电,串联在电动机回路中的 KM 的主触点断开,电动机停转。同时 KM 辅助触点也断开,解除自锁。故障排除后若要重新起动,需按下 FR 的复位按钮,使 FR 的常闭触点复位(闭合)即可。

起零压(或欠压)保护作用的是接触器 KM 本身。当电源暂时断电或电压严重下降时,接触器 KM 线圈的电磁吸力不足,衔铁自行释放,使主、辅触点自行复位,切断电源,电动机停转,同时解除自锁。

二、正反转控制

(一) 简单的正反转控制

如图 3-67 所示。

(1) 正向起动过程。按下起动按钮 SB_1,接触器 KM_1 线圈通电,与 SB_1 并联的 KM_1 的辅助常开触点闭合,以保证 KM_1 线圈持续通电,串联在电动机回路中的 KM_1 的主触点持续闭合,电动机连续正向运转。

(2) 停止过程。按下停止按钮 SB_3,接触器 KM_1 线圈断电,与 SB_1 并联的 KM_1 的辅助触点断开,以保证 KM_1 线圈持续失电,串联在电动机回路中的 KM_1 的主触点持续断开,切断电动机定子电源,电动机停转。

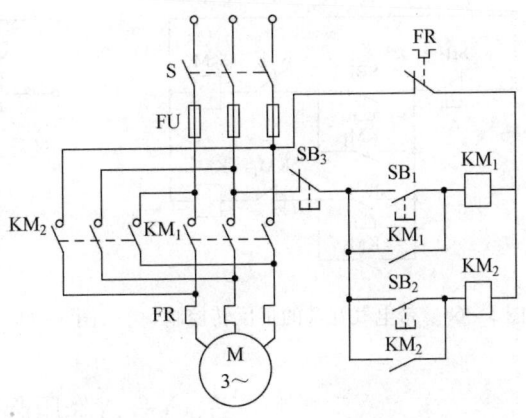

图 3-67 简单的正反转控制

(3) 反向起动过程。按下起动按钮 SB_2,接触器 KM_2 线圈通电,与 SB_2 并联的 KM_2 的辅助常开触点闭合,以保证线圈持续通电,串联在电动机回路中的 KM_2 的主触点持续闭合,电动机连续反向运转。

缺点:KM_1 和 KM_2 线圈不能同时通电,因此不能同时按下 SB_1 和 SB_2,也不能在电动机正转时按下反转起动按钮,或在电动机反转时按下正转起动按钮。如果操作错误,将引起主回路电源短路。

(二) 带电气互锁的正反转控制电路

如图 3-68 所示,将接触器 KM_1 的辅助常闭触点串入 KM_2 的线圈回路中,从而保证在 KM_1 线圈通电时 KM_2 线圈回路总是断开的;将接触器 KM_2 的辅助常闭触点串入 KM_1 的线圈回路中,从而保证在 KM_2 线圈通电时 KM_1 线圈回路总是断开的。这样接触器的辅助常闭触点 KM_1 和 KM_2 保证了两个接触器线圈不能同时通电,这种控制方式称为互锁或者联锁,这两个辅助常开触点称为互锁或者联锁触点。

缺点:电路在具体操作时,若电动机处于正转状态要反转时必须先按停止按钮 SB_3,使互锁触点 KM_1 闭合后按下反转起动按钮 SB_2 才能使电动机反转;若电动机处于反转状态要正转时必须先按停止按钮 SB_3,使互锁触点 KM_2 闭合后按下正转起动按钮 SB_1 才能使电动机正转。

(三) 同时具有电气互锁和机械互锁的正反转控制电路

采用如图 3-69 所示复式按钮,将 SB_1 按钮的常闭触点串接在 KM_2 的线圈电路中;将 SB_2 的常闭触点串接在 KM_1 的线圈电路中;这样,无论何时,只要按下反转起动按钮,在 KM_2 线圈通电之前就首先使 KM_1 断电,从而保证 KM_1 和 KM_2 不同时通电;从反转到正转的情况也是一样。这种由机械按钮实现的互锁也叫机械或按钮互锁。

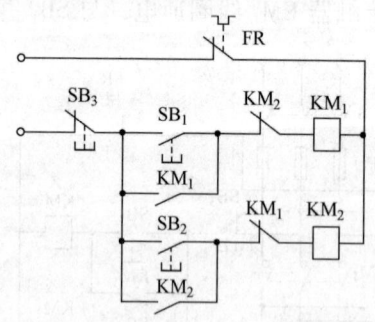 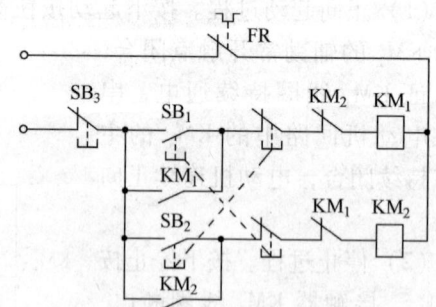

图 3-68 带电气互锁的正反转控制　　图 3-69 带电气互锁和机械互锁的正反转控制

三、Y—△降压起动控制

如图 3-70 所示,按下起动按钮 SB_1,时间继电器 KT 和接触器 KM_2 同时通电吸合,KM_2 的常开主触点闭合,把定子绕组连接成星形,其常开辅助触点闭合,接通接触器 KM_1。KM_1 的常开主触点闭合,将定子接入电源,电动机在星形连接下起动。KM_1 的一对常开辅助触点闭合,进行自锁。经一定延时,KT 的常闭触点断开,KM_2 断电复位,接触器 KM_3 通电吸合。KM_3 的常开主触点将定子绕组接成三角形,使电动机在额定电压下正常运行。与按钮 SB_1 串联的 KM_3 的常闭辅助触点的作用是:当电动机正常运行时,该常闭触点断开,切断了 KT、

KM_2 的通路,即使误按 SB_1,KT 和 KM_2 也不会通电,以免影响电路正常运行。若要停车,则按下停止按钮 SB_3,接触器 KM_1、KM_2 同时断电释放,电动机脱离电源停止转动。

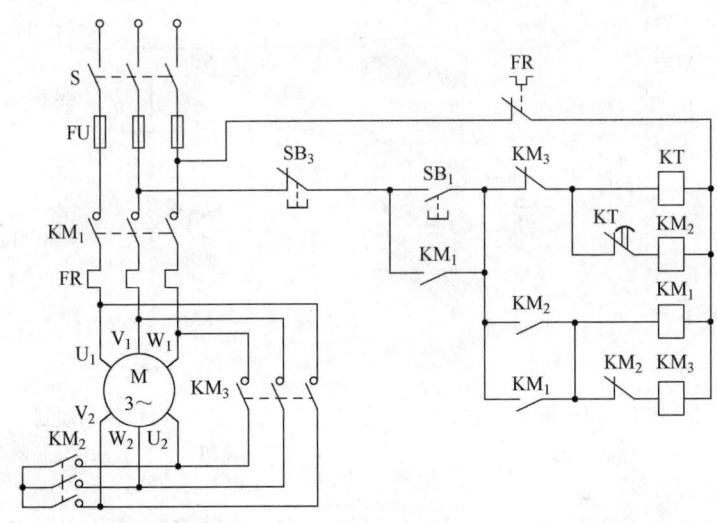

图 3-70 Y—△ 降压起动控制

四、行程控制

(一)限位控制(图 3-71)

当生产机械的运动部件到达预定的位置时压下行程开关的触杆,将常闭触点断开,接触器线圈断电,使电动机断电而停止运行。

(二)行程往返控制(图 3-72)

按下正向起动按钮 SB_1,电动机正向起动运行,带动工作台向前运动。当运行到 SQ_2 位置时,挡块压下 SQ_2,接触器 KM_1 断电释放,KM_2 通电吸合,电动机反向起动运行,使工作台后退。工作台退到 SQ_1 位置时,挡块压下 SQ_1,KM_2 断电释放,KM_1 通电吸合,电动机又正向起动运行,工作台又向前进,如此一直循环下去,直到需要停止时按下 SB_3,KM_1 和 KM_2 线圈同时断电释放,电动机脱离电源停止转动。

结论:

(1)异步电动机有两种直接起动方法:直接起动和降压起动。直接起动简单、经济,应尽量采用;电机容量较大时应采用降压起动以限制起动电流,常用的降压起动方法有 Y—△ 降压起动、自耦变压器降压起动和定子串电阻降压起动等。

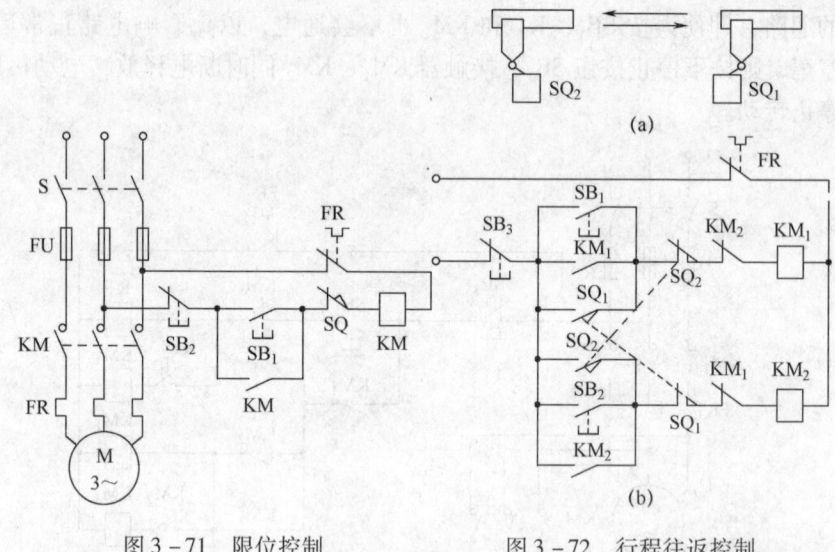

图 3-71 限位控制　　图 3-72 行程往返控制
(a) 往返运动图　(b) 自动往返控制电路

(2) 异步电动机的直接起动和正反转控制电路时控制的基本环节，应掌握它们的工作原理和分析方法，明确自锁和互锁的含义和思想方法。

(3) 首先了解工艺过程及控制要求；

(4) 搞清控制系统中各电机、电器的作用以及它们的控制关系；

(5) 主电路、控制电路分开阅读或设计；

(6) 控制电路中，根据控制要求按自上而下、自左而右的顺序进行读图或设计；

(7) 同一个电器的所有线圈、触头不论在什么位置都叫相同的名字；

(8) 原理图上所有电器，必须按国家统一符号标注，且均按未通电状态表示；

(9) 继电器、接触器的线圈只能并联，不能串联；

(10) 控制顺序只能由控制电路实现，不能由主电路实现。

子情境五　模具、数控车间电气设备故障检修

能力目标：

(1) 能完成普通车床、铣床等设备的检修；

(2) 掌握机床电器设备检修的方法；

(3) 能对设备的完好程度进行评估。

知识目标：
(1) 熟悉机床电气设备的检修质量标准；
(2) 掌握机床电气控制电路的检修方法；
(3) 了解电气设备的维护保养工作。

【训练项目1】C620-1 车床的维修

一、项目目标

(1) 能分析电气故障产生的原因；
(2) 能分别用电阻法和电压法查出电路故障点并恢复原电路；
(3) 能看懂机床电气原理图。

二、项目要求

(1) 能用电阻法、电压法检测 C620-1 车床故障点；
(2) 对设置故障的车床进行修复并能正常工作。

三、项目实训仪器、设备及实训材料

(1) 指针式万用表（MF47）或数字式万用表各 1 个；
(2) C620-1 车床，1 台/组；
(3) 电工常用工具 1 套/组；
(4) 兆欧表 10 个；
(5) 连接导线若干。

四、项目实训内容与步骤

任务 1 C620-1 车床控制电路（图 3-73）故障检修

(1) 熟悉图纸，理解电路工作原理，熟悉元器件位置；
(2) 元器件检查（接触器、开关、按钮及热继电器检查）；
(3) 主电路通电测试观察元器件的工作状态；
(4) 观察故障现象，判断故障部位，以区分故障是在主电路还是在控制电路。

任务 2 C620-1 车床主轴电动机不能起动故障检修

(1) 首先应用万用表的欧姆挡检查主电路的电源开关 QS，再检查保险 FU 是否熔断，如熔丝未断，检查 FR1 及 FR2 是否动作过，若动作，查明原因；
(2) 若 FR1 及 FR2 没有动作过，应检查 KM 的线圈引线是否松动，主触头接触是否良好；

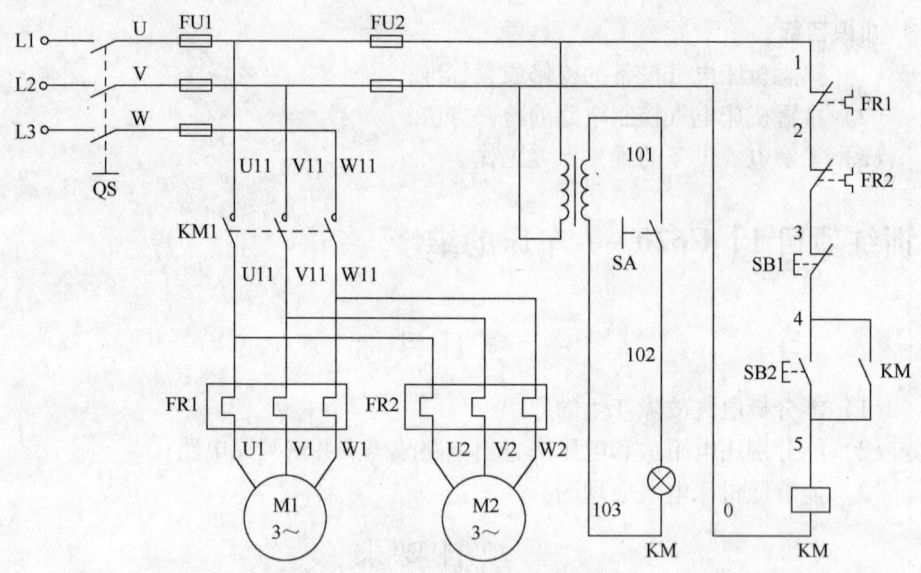

图 3-73　C620-1 型车床控制电路图

（3）通过上述检查未发现问题，断开 U、V、W 引线，合上 QS 开关使控制电路通电，按下 SB2 如 KM 不动作，说明故障在控制电路，此时通过检查 SB1 常闭触头，SB2 常开触头接触是否良好以及 KM 引线是松动，可查明故障所在；

（4）如主电路正常，电动机仍不起动，说明故障在控制电路。

任务 3　C620-1 车床主轴电动机不能停车故障检修

（1）故障主要原因为 KM 的主触头熔焊或 KM 不能释放；

（2）切断 QS，更换主触头，清理接触器的机械部分；

（3）KM 的常开触头接错。

五、思考与分析

（1）机床主电动机能起动，但不能自锁的原因是什么？

（2）通电测试检修时应注意事项有哪些？

【知识链接】机床电气设备的日常维护、保养和检修

机床产生故障的原因是多方面的，有的是由于电气设备的自然寿命引起的；但有相当部分的故障是由于忽视了对电气设备的日常维护和保养，致使小问题发展成大问题而造成的；还有的则是由于操作人员操作不当，或是维修人员维修时判断失误，修理方法不当而加重了故障、扩大了范围而引起的。所以，为保证机床的正常运行，减少因电气设备故障进行检修的停机时间，必须重视做好对机床

电气设备的日常维护和保养工作。在此简单介绍一些这方面的知识。

一、电气设备日常维护保养工作的主要内容和要求

机床电气设备主要是电动机、电器和电路，其维护保养的主要内容和要求如下：

(一) 电动机部分

电动机是机床设备的动力源，一旦发生故障将使机床停止工作。而且电动机的修理往往既费事又费时，因此必须注意做好电动机的日常维护保养工作，主要有：

(1) 电动机应经常保持清洁，进、出风口必须保持畅通，不允许有任何异物或水滴等进入电动机内部。

(2) 在正常运行时，电动机的负载电流不能超过其额定值。同时，还应检查三相电流是否平衡，三相电流的任何一相与其三相的平均值相差不能超过 10%。

(3) 应经常检查电源电压是否与铭牌值相符，并检查电源三相电压是否对称。

(4) 经常检查电动机的温升有无超过规定值。

(5) 经常检查电动机运行时是否有不正常的振动、噪声、气味，有无冒烟，及电动机的起动是否正常，若有不正常的现象，应立即停车检查。

(6) 经常检查电动机轴承部位的工作情况，是否有过热、漏油现象；轴承的振动和轴向移动应不超过规定值。

(7) 经常检查电动机的绝缘电阻，特别是对工作环境条件较差（如工作在潮湿、灰尘大或有腐蚀性气体的环境）的电动机，更应加强检查。一般三相 380V 的电动机及各种低压电动机，其绝缘电阻应 $\geq 0.5 M\Omega$，高压电动机的定子绝缘电阻应 $\geq 1 M\Omega/kV$，转子绝缘电阻应 $\geq 0.5 M\Omega$。如果发现电动机的绝缘电阻低于规定标准，应采用烘干、浸漆等方法处理后，再测量其绝缘电阻，达到要求后才能使用。

(8) 检查电动机的引出线是否绝缘良好、连接可靠。检查电动机的接地装置是否可靠和完整。

(9) 对绕线转子异步电动机，应注意检查其电刷与集电环之间的接触压力、磨损情况及有无产生不正常的火花。

(10) 对直流电动机，则应特别注意其换向器装置的工作情况，检查换向器表面是否光滑圆整，有无机械损伤或火花灼伤。

(二) 电器及控制电路部分

1. 随时保持机床电器所有外露部件处于良好的状态

例如：

（1）检查电气柜、壁龛的门、盖、锁及门框周边的耐油密封垫是否保持良好，所有门、盖均应能严密关闭，不能有水、油污和灰尘、金属屑等入内。

（2）检查各部件之间的连接电缆及保护导线的软管，不得被冷却液、油污等腐蚀。接头处产生脱落或散头的现象，使其中的电线裸露，应注意检查，发现后应及时修复，防止电线损坏造成短路事故。

（3）应经常擦拭电器控制箱、操纵台的外表，保持其清洁。特别是操纵台上一些主令电器的按钮和操纵手柄，如果经常有油污等进入，容易造成元件损坏运行失灵，因此应注意保持清洁，并告诉机床操作人员在操作时予以注意。

2. 对在电气柜内的电器元件的维护保养

为了安全和不影响机床的正常工作，不可能经常开门进行检查，但可以通过倾听电器动作时的声音来判定工作是否正常，如发现有可疑的不正常的声音，应立即停机检查。对这些电器元件，更主要的是靠做好定期的维护保养工作。维护保养的周期可根据机床电气设备的结构、使用情况及条件等来确定，一般可配合机床的一、二级保养同时进行电气设备的维护保养工作，其内容有：

（1）配合机床的一级保养进行电气设备的维护保养工作。金属切削机床的一级保养一般2~3个月进行一次，与此同时可对机床电气柜内的电器元件进行以下的保养工作：①清扫电气柜内的灰尘和异物，注意有无损坏或将损坏的电器元件。②整理内部接线，使之整齐美观。特别是经过应急修理后来不及整理的，应尽量恢复成原来的整齐状态。③检查所有的电器元件的固定螺钉，旋紧螺旋式熔断器。④拧紧接线板和电器元件上的压线螺丝，保证所有接线头接触可靠。⑤通电试车，检查电器元件的动作顺序正确、可靠。

（2）配合机床二级保养进行电气设备的维护保养工作。金属切削机床的二级保养一般在一年左右进行一次，与此同时可对机床电气柜内的电器元件进行以下的保养工作：①前述在机床一级保养时进行的各项保养工作，在二级保养时仍需进行。②着重检查运行频繁且电流较大的接触器、继电器的触点。许多电器的触点采用银或银合金制成，这类触点即使表面被烧毛或凹凸不平，都不会影响触点的接触良好，因此不需要进行修整；但如果是铜质触点则应用油光锉修平。另外，如果触点已严重磨损，则应更换触点。③检查发现吸合时有明显噪声的接触器、继电器，如不能修复则应更换。④校验热继电器的整定值是否适当。⑤校验时间继电器的延时时间是否适当。⑥检查各种开关动作是否正常。检查各类信号指示装置和照明装置是否完好。

3. 注意事项

（1）对机床电气控制电路的各种保护环节（如过载、短路、过流保护等），在维护时不要随意改变其电器（如热继电器、低压断路器）的整定值和更换熔体。若要进行调整或更换，应按要求选配。

（2）要加强在高温、霉雨、严寒季节对电气设备的维护保养。

(3) 在进行维护保养时，要注意安全，电气设备的接地或接零必须可靠。

二、机床电气控制电路的检修方法

(1) 通过调查研究，向机床操作人员了解故障的详细情况、具体的症状和现象。

(2) 根据故障现象，可先从电气控制原理图上分析故障的原因。在不损伤电气和机械设备的前提下，可直接通电试验，或（从控制箱接线端子板上）卸下负载进行试验，以区分故障是在主电路还是在控制电路。

(3) 对于较简单的控制电路，根据故障属于哪个部分，可先进行一般性的外观检查，例如属于控制电路部分的故障，可逐一检查各电器元件的外观有无破裂、变色、烧痕，其接头有无脱落等。但是对于较复杂的线路，若按此方法逐级进行检查，不仅费工费时，而且极易遗漏，因此，宜采用逻辑分析方法，通过通电试验仔细观察各电器元件的动作情况，再根据原理图所展示的控制原理，逐一排除故障回路中公共支路上的故障所在，逐步缩小故障范围。

(4) 对一般采用外观检查不容易找出的故障点，应采用测量法。但要注意在使用万用电表、电笔、校验灯等进行测量时，要防止由于感应电、回路电及其他并联支路的影响，以防止产生误判断。

(5) 在找出故障点后，要找到产生故障的真正原因，针对具体情况采取正确的排除方法。不要仅满足于修复或更换损坏的电器而不去查找造成电器损坏的原因，不要轻易地去更换电器元件和增补接线，更不要轻易改动电路或随意更换型号规格不同的电器元件，因为这样不但不能从根本上排除故障，反而会人为地扩大故障或产生新的故障。

(6) 对损坏的电器元件，从经济的观点出发，凡能够修复的应尽量修复；但如果修复比较费时费力，则从尽快使设备投入运行以减小对生产影响的角度考虑，应尽快更换上新的电器元件，或将新的换上后再修复拆下的旧电器。

三、机床电气设备的检修质量标准

(1) 外观整洁，无破损和碳化现象；
(2) 所有的触点均应完整、光洁，接触良好；
(3) 压力弹簧和反作用弹簧均应具有足够的弹力；
(4) 操纵、复位机构均应灵活可靠；
(5) 各种衔铁无卡阻现象；
(6) 灭弧罩完整、清洁、安装牢固；
(7) 整定值大小应符合电路实用要求；
(8) 指示装置能正常发出信号；
(9) 电磁吸盘的吸力能满足要求；

（10）绝缘电阻合格，通电试验能符合和满足电路的要求。

子情境六　模具、数控车间电气设备电缆的选择及敷设

能力目标：
（1）能根据安装要求选择动力电缆；
（2）能剥开动力电缆进行设备接线；
（3）能完成电缆的穿管敷设；
（4）会使用穿管、弯管工具；
（5）会检测电缆的质量。

知识目标：
（1）掌握动力电缆的分类；
（2）了解常用动力电缆的型号规格；
（3）掌握常用绝缘材料的使用；
（4）掌握动力电缆的配管方法；
（5）熟悉常用 PVC 管、镀锌钢管、铁线管的型号规格；
（6）了解常用线管的使用场合。

【训练项目】模具、数控车间电气设备电缆的选择及敷设

一、项目目标

（1）能根据设备的类型进行动力电缆的选择；
（2）能在实训室中模拟电缆的敷设。

二、项目要求

（1）能完成车间各种设备的电缆选择，技术参数符合标准；
（2）熟悉电缆剥离方法及技巧；
（3）电缆的选择及敷设完成后进行测试。

三、项目实训仪器、设备及实训材料

（1）指针式万用表（MF47）和数字式万用表各 1 个；
（2）电工常用工具 1 套/组；

(3) 兆欧表 10 个；
(4) 弯管工具、压接钳等 10 套；
(5) 连接导线若干。

四、项目实训内容与步骤

任务 1 模具、数控车间电气设备的铭牌数据分析及电缆选型
(1) 熟悉图纸，理解电路工作原理，熟悉设备安装位置；
(2) 按实训室具体情况，抄写模具、数控车间电气设备的铭牌数据，计算额定电流；
(3) 主要设备电缆进行选型，规格确定，然后进行电缆配管选型。

任务 2 敷设主要电气设备的线缆
(1) 敷设 PVC 线管，并把电缆穿入线管中；
(2) 对敷设好的电缆接头处进行剥离，用接线耳压好，然后接入电动机或电源开关；
(3) 电缆敷设质量检查验收。

五、思考与分析

(1) 列表说明电线、电缆型号及其使用范围。
(2) 常用绝缘材料有哪些？

【知识链接】电线、电缆知识

一、电线、电缆类型的选择

（一）导体材料的选择

电线、电缆一般采用铝芯。濒临海边及有严重盐雾地区的架空线路可采用防腐型钢芯铝绞线或铜绞线。配电线路有下列情况之一时，应采用铜芯电线或电缆。

(1) 需要确保长期运行中连接可靠的回路，如重要电源、重要的操作回路及二次回路、电机的励磁、移动设备线路及剧烈振动场合的线路；
(2) 特别潮湿场所和对铝材质有严重腐蚀性的场所；
(3) 易燃、易爆的场所；
(4) 特等建筑（具有重大纪念、历史或国际意义的各类建筑）；
(5) 重要的公共建筑和居住建筑；
(6) 重要的资料室（包括档案室、书库等），重要的库房；
(7) 影剧院等人员聚集较多的场所；

(8) 应急系统,包括消防设施的线路;

(9) 有特殊规定的其他场所。

(二) 绝缘及护套选择

1. 油浸纸绝缘电力电缆

油浸纸绝缘电力电缆有铅、铝两种护套。铅护套质软,韧性好易弯曲,化学性能稳定,熔点低,便于制造及施工;但价格贵,产生的应力可能使铅包变形。铝包护套重量轻,成本低,但制造及施工困难。我国试以铝代铅制造护套,至今尚不能完全取代。

2. 聚氯乙烯绝缘及护套电力电缆

该电缆主要优点是制造工艺简单,没有敷设高差限制,重量轻,弯曲性能好,接头制造简便,耐油、耐酸碱腐蚀,不延燃;具有内铠装结构,使钢带或钢丝免受腐蚀,价格便宜。因此可以在很大范围内代替油浸纸绝缘电缆、滴干绝缘和不滴流浸渍纸绝缘电缆。尤其在线路高差较大或敷设在桥架、槽盒内或在含有酸、碱等化学性腐蚀土质中直埋时,宜选用该种电缆。缺点是绝缘电阻较油浸纸绝缘电缆低,介质损耗较高。另由于普通聚氯乙烯在燃烧时散放有毒烟气,故对于需满足着火燃烧时低烟、低毒要求的场合,如地下客运设施、地下商业区、高层建筑和特殊重要公共设施等人流较密集场所,或者重要的厂房,不宜采用普通型聚氯乙烯绝缘或护套型电力电缆,而应采用低烟、低卤或无卤的难燃电缆。

3. 交联聚乙烯绝缘聚乙烯护套电力电缆

该电缆优点是性能优良、结构简单、制造工艺不复杂、外径小、重量轻、载流量大、敷设水平高差不受限制。但是,价格较贵,且有延燃缺点。

4. 橡皮绝缘电力电缆

其优点是弯曲性能好、耐寒能力强,特别适用于水平高差大和垂直敷设的场合。

5. 塑料绝缘电线

该电线优点是绝缘性能好、制造方便、价格便宜,可取代橡皮绝缘电线。缺点是对气候适应性能较差,低温时变硬发脆,高温或日光下绝缘老化加快,因此,该电线不宜在室外敷设。

6. 橡胶绝缘电线

根据玻璃丝或棉纱的货源情况配置编织层材料,型号统一用 BX 或 BLX 表示。现在已逐步被塑料绝缘电线取代,一般不宜采用。

7. 氯丁橡胶绝缘电线

有取代截面在 $35mm^2$ 以下的普通橡胶绝缘电线的趋势。其优点是不易霉、不延燃、耐油性能好、对气候适应性能好、老化过程缓慢,适应在室外敷设。缺点是绝缘层机械强度较差,不适宜穿管敷设。

(三) 电线、电缆型号选择

电线、电缆型号的选择，应根据使用环境、敷设方式和电气设备有无特殊要求来确定。

二、电缆敷设

(一) 埋地敷设

将电缆直接埋设在地下的敷设方法称为埋地敷设。埋地敷设的电缆必须使用铠装及防腐层保护的电缆，裸装电缆不允许埋地敷设。一般电缆沟深度不超过0.9m，埋地敷设还需要铺砂及在上面盖砖或保护板（图3-74）。埋地敷设电缆的程序如下：测量画线——开挖电缆沟——铺砂——敷设电缆——盖砂——盖砖或保护板——回填土——设标桩。

电缆直敷施工容易，造价低，散热好，但易受腐蚀和机械损伤，检修不方便，一般用于根数不多的地方。

(二) 隧道敷设

隧道敷设（图3-75）检修维护方便，能容纳较多的电缆，但造价高，用料多，一般用于多电缆的配电装置中。

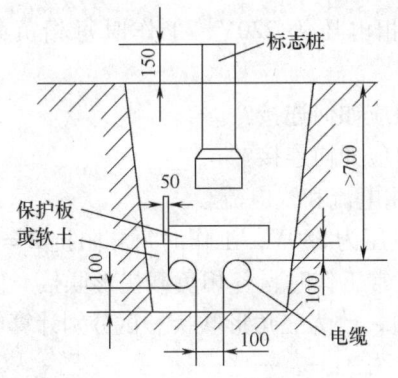

图3-74 埋地敷设电缆沟

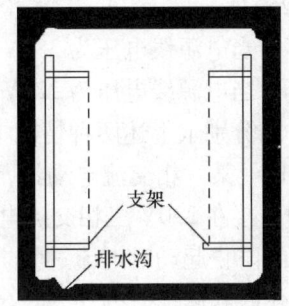

图3-75 隧道敷设示意图

(三) 电缆沿支架敷设

电缆沿支架敷设一般在车间、厂房和电缆沟内，在安装的支架上用卡子将电缆固定。电力电缆支架之间的水平距离为1m，控制电缆为0.8m。电力电缆和控制电缆一般可以同沟敷设，电缆垂直敷设一般为卡设，电力电缆卡距为1.5m，控制电缆为1.8m。

(四) 电缆穿保护管敷设

将保护管预先敷设好，再将电缆穿入管内，管道内径不应小于电缆外径的1.5倍。一般用钢管作为保护管。单芯电缆不允许穿钢管敷设。

习 题 三

3.1 什么是三相负载、单相负载和单相负载的三相联接?

3.2 为什么中性线不接开关,也不接入熔断器?

3.3 简述三相负载的三角形联接线电流与相电流的关系。

3.4 简述三相电路功率的计算方法。

3.5 有一台四极三相异步电动机,电源电压的频率为50Hz,满载时电动机的转差率为0.02。求电动机的同步转速、转子转速和转子电流频率。

3.6 稳定运行的三相异步电动机,当负载转矩增加,为什么电磁转矩相应增大? 当负载转矩超过电动机的最大磁转矩时,会产生什么现象?

3.7 已知某三相异步电动机的技术数据为:$P_N = 2.8$kW,$U_N = 220$V/380V,$I_N = 10$A/5.8A,$n_N = 2890$r/min,$\cos\phi_N = 0.89$,$f_1 = 50$Hz。求:

(1) 电动机的磁极对数 p。

(2) 额定转矩 T_N 和额定效率 η_N。

3.8 试设计一台异步电动机既能连续长动工作,又能点动工作的继电器—接触器控制线路。

3.9 一台三相交流电动机,额定相电压为220V,工作时每相负载 $Z = (50 + j25)\Omega$。

(1) 当电源线电压为380V时,绕组应如何连接?

(2) 当电源线电压为220V时,绕组应如何连接?

(3) 分别求上述两种情况下的负载相电流和线电流。

3.10 某三相交流电动机,额定相电压为380V,工作时每相阻抗 $Z = (40 + j10)\Omega$,接在220V三相交流电源中,正常工作时,各相负载星形联接。但当起动时,为防止起动时电流过大烧坏电动机,改为三角形联接。试分别计算电动机正常工作时和起动时的功率。

3.11 机床的电气图可分为哪几种?

3.12 在本章介绍的五种机床电气控制电路中,要求主电动机能够反转的是什么电路? 对主电动机有电气调速要求的是什么电路? 要求能进行电气制动的是什么电路? 能实行点动控制的又是什么电路?

学习情境四　实训楼低压电气系统设计

学习目标：
（1）能掌握实训动力配电系统的设计；
（2）熟悉各种电气设计规范；
（3）能完成一般的工厂车间配电系统的设计工作。

子情境一　实训楼公共照明配电系统设计

能力目标：
（1）能绘制公共照明配电系统图；
（2）能对照明灯具单位面积安装功率进行估算。

知识目标：
（1）掌握电气工程图的一般绘图原则（图框、标题栏、图幅分区等要求）；
（2）熟悉低压配电设计规范；
（3）了解电气工程图的基本知识。

【训练项目1】实训楼公共照明负荷统计

一、项目目标

（1）完成实训楼一层公共照明部分的电气设计；
（2）掌握办公、工厂等建筑照明的设计方法。

二、项目要求

（1）能熟练地对实训楼的负荷进行分类；
（2）掌握负荷的计算方法。

三、项目实训仪器、设备及实训材料

（1）计算器 10 台；
（2）记录表 1 份/组。

四、项目实训内容与步骤

任务 1　灯具的选择及布置
（1）确定各楼层公共照明灯具类型；
（2）确定灯具的布置形式。

任务 2　灯具数量及功率的确定
（1）对照明灯具单位面积安装功率进行估算，计算每盏灯功率；
（2）计算楼层灯具的数量。

五、思考与分析

（1）按照明功能分类有哪些类型？
（2）常用电光源有哪些？
（3）灯具的布置标准是什么？

【训练项目 2】楼层配电系统图的绘制

一、项目目标

（1）完成实训楼一层公共照明部分的平面图绘制；
（2）掌握办公、工厂等建筑照明的设计标准。

二、项目要求

（1）能熟练地绘制电气平面图；
（2）掌握系统图的绘制要求。

三、项目实训仪器、设备及实训材料

（1）计算器 10 台；
（2）记录表 1 份/组；
（3）绘图仪 1 套/组。

四、项目实训内容与步骤

任务1 实训楼层公共照明平面图的绘制

（1）根据实训楼的实际情况，绘制出实训楼某一楼层的建筑平面图；

（2）由负荷统计情况，计算各用电设备的额定电流，并选择开关型号、规格；

（3）选择其他合适的电器设备；

（4）绘制出实训楼层公共照明电气平面图。

任务2 配电系统图的绘制

（1）绘制带有标题栏的 A4 标准图框；

（2）在标准图纸上绘制电气系统图。可参照图 4-1 进行绘制。

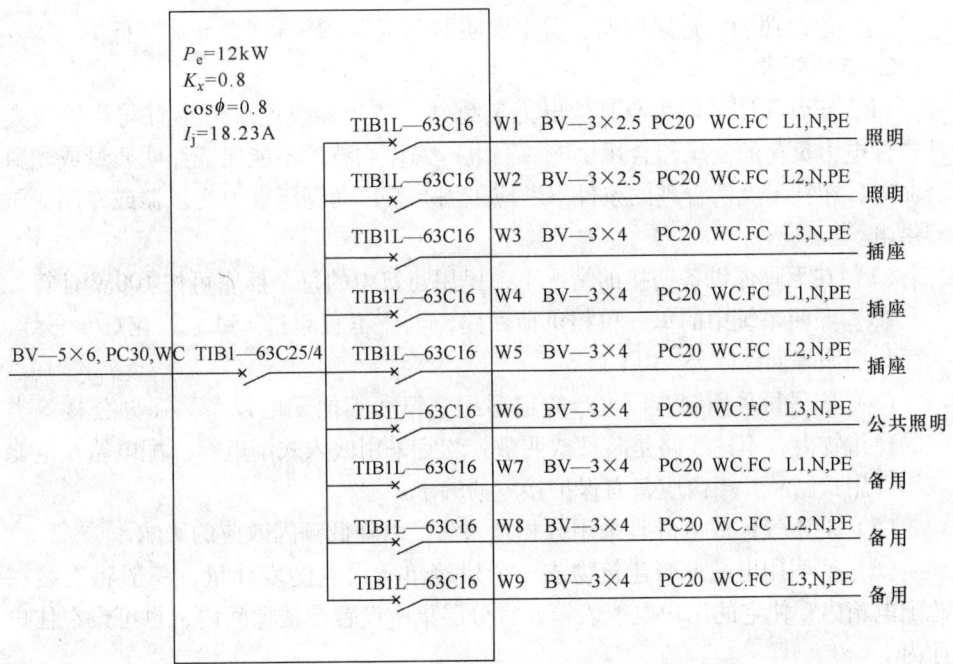

图 4-1 动力配电系统图

五、思考与分析

（1）常用低压断路器有哪些？

（2）为什么照明配电箱宜设置在靠近照明负荷中心？

（3）照明配电宜采用什么系统？

【知识链接1】照明配电系统的相关知识

一、照明的供电方式及线路控制

(一) 照明供电的一般要求

1. 电压要求

照明灯具端电压的允许偏移不得高于额定电压的5%，亦不宜低于额定电压的下列数值。

(1) 对视觉要求较高的室内照明为2.5%。

(2) 一般工作场所的室内、外照明为5%，但极少数远离变电所的场所，允许降低到10%。

(3) 事故照明、道路照明、警卫照明的电压为12～36V，允许降低10%。

2. 其他要求

(1) 正常照明一般可与其他电力负荷共用变压器供电，但不宜与供给较大冲击性电力负荷的变压器合用供电。当电压偏移或波动不能保证照明质量或光源寿命时，在技术经济合理的条件下，应采用有载自动调压电力变压器或专用变压器供电。

(2) 在无具体设备连接的情况下，民用建筑中的每个插座可按100W计算。

(3) 照明系统中的每一单相负荷回路，电流不宜超过15A，但花灯、彩灯、大面积照明等回路除外。

(4) 应尽量采用制造厂生产的定型配电箱和其他配电设备。在办公楼等类似的建筑物内，不论线路是暗敷或明敷，均宜采用嵌入式配电箱。配电箱及电能表箱宜用铁制品，箱内应备有保护接零的端子。

(5) 对于气体放电灯宜采用分相接入法，以降低频闪效应的影响。

(6) 照明用电按一幢建筑物或一个建筑单元设电能表计量，一般将表装在总配电箱内，住宅的用户电能表箱，宜分层集中设置在楼梯间内，也可设在住户厅内。

(二) 照明的供电方式及线路控制

1. 供电线路

应根据工程规模、设备布置、负荷容量等条件来决定。因照明灯具的额定电压一般为220V，故通常采用220V单相供电，对于用电量较大（超过30A）的建筑物应采用三相四线制供电，图4-2是配电干线系统图。

为了保证事故照明，事故照明应与工作照明分开线路供电。且应设法取得备用电源。使之当工作电源因故障停电时，可手动或自动投入备用电源。其供电系统如图4-3所示。

学习情境四 实训楼低压电气系统设计

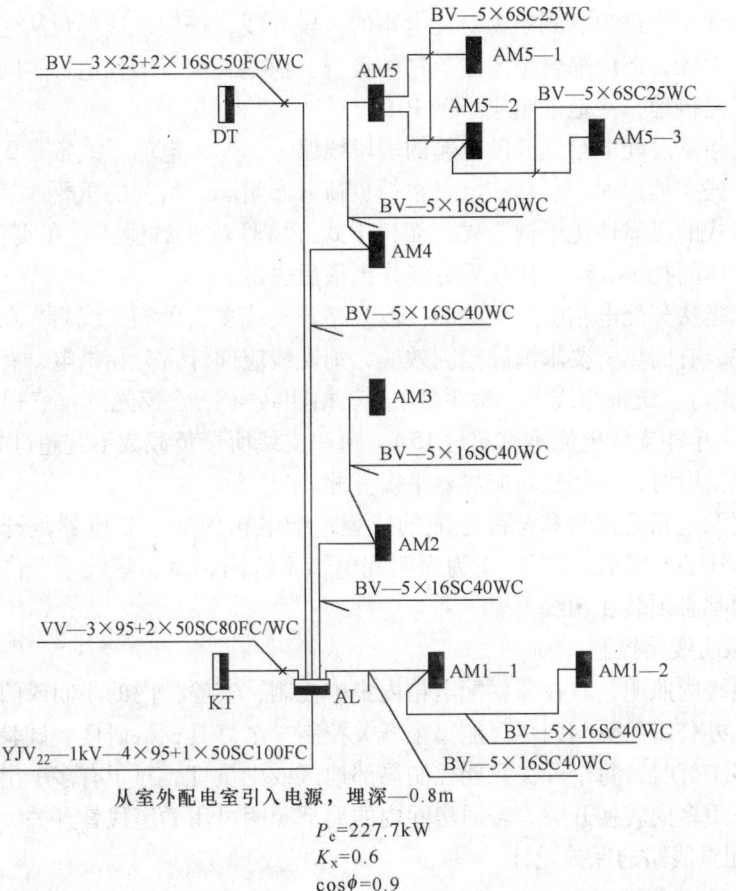

图 4-2 配电干线系统图

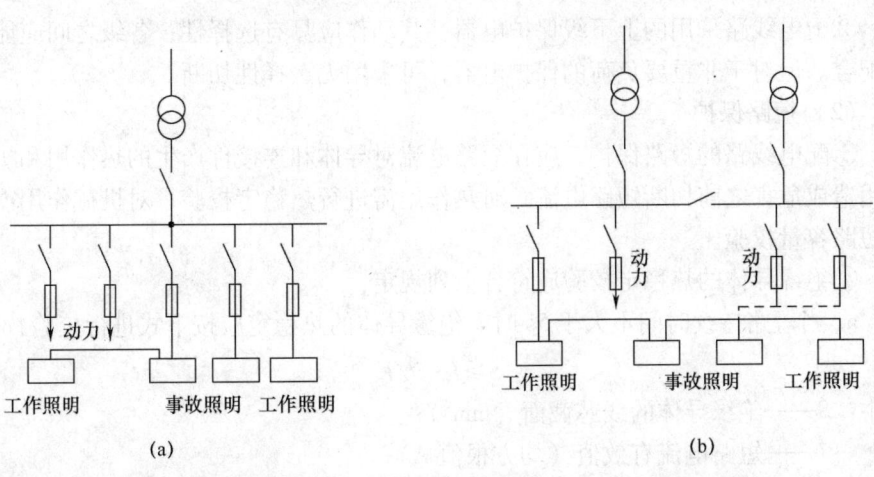

图 4-3 照明供电系统图

进户线指由进户点到室内总配电箱的一段导线,进户线应尽量从建筑物的背面或侧面引入,还应综合考虑建筑物的美观、供电安全、工程造价等问题,进户线需做重复接地,接地电阻应小于 10Ω。

干线指从总配电箱到分配电箱的一段线路,照明供电的干线常有 3 种连接方式:树干式、放射式、混合式。可根据负荷分布情况,负荷的重要性等条件来选择。放射式的可靠性优于树干式,而树干式经济性优于放射式。在实际设计时,需进行具体的技术、经济比较后方能作出最后决定。

支线指从分配电箱引至负载的一段线路。支线多为单相二线制。在荧光灯供电线路中,有的场所要求消除频闪效应,则支线应向灯管分相供电,有二相三线(双管荧光灯:二根相线,一根零线),三相四线(三管荧光灯:三根相线,一根零线)。单相支线电流不宜超过 15A,每一支线所接负载数不宜超过 20 个。由三相电源供电时,各相负荷应尽量平衡分配。

照明配电箱是接收和分配电能的装置,配电箱内的主要电器是开关、熔断器,有的还装电能表,图 4-4 为照明配电箱系统图,由于零线不允许断开,所有熔断器都必须装在相线上。

2. 照明线路控制

实验楼内照明,宜在照明配电箱内集中控制,实验楼内的小间或门灯另装控制开关。办公室的隔间内尽可能每个开关控制一个灯具;科研楼、试验楼每个房间内有多个灯时,每个开关只能控制局部地区或少量灯。对于有多个出入口的房间,宜采用多向转换开关。普通房间内的局部照明可用插座代替开关。

3. 配电线路的保护设计

(1) 一般规定

①配电线路应装设短路保护、过负载保护和接地故障保护,作用于切断供电电源或发出报警信号。

②配电线路采用的上下级保护电器,其动作应具有选择性;各级之间应能协调配合。但对于非重要负荷的保护电器,可采用无选择性切断。

(2) 短路保护

①配电线路的短路保护,应在短路电流对导体和连接件产生的热作用和机械作用造成危害之前切断短路电流。对热作用需进行热稳定校验;对机械作用需进行短路容量校验。

②绝缘导体的热稳定校验应符合下列规定:

a. 当短路持续时间不大于 5s 时,绝缘导体的热稳定应按下式进行校验:

$$S \geq I \cdot \sqrt{t}/K$$

式中:S——绝缘导体的线芯截面(mm^2);

I——短路电流有效值(均方根值 A);

t——在已达到允许最高持续工作温度的导体内短路电流持续作用的时间(s);

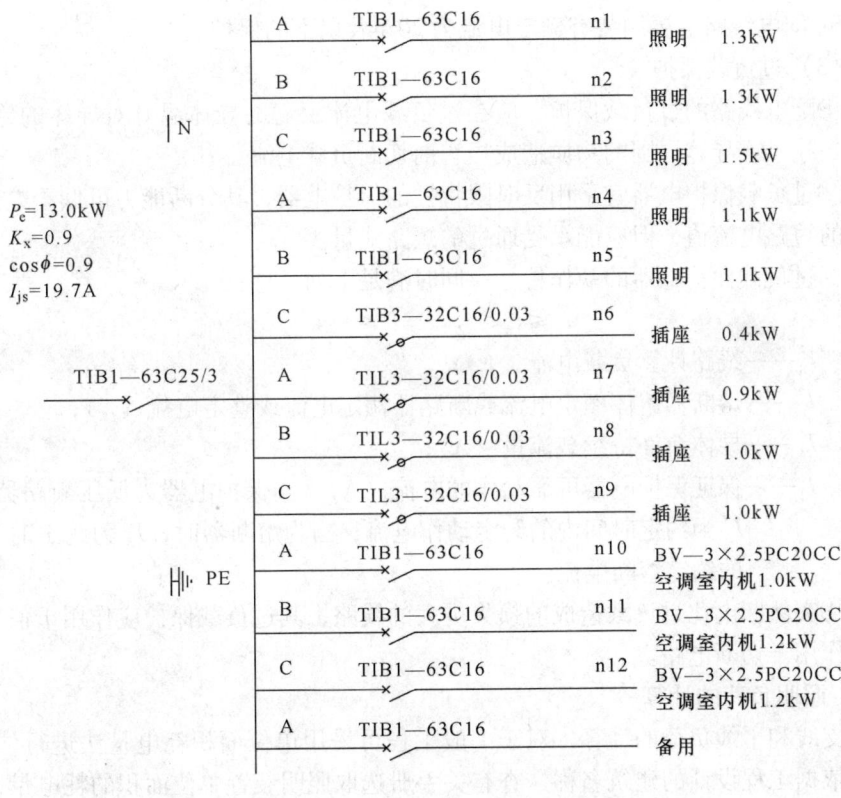

图 4-4 照明配电箱系统图

K——不同绝缘的计算系数。

b. 不同绝缘、不同线芯材料的 K 值，聚氯乙烯绝缘铜芯 $K=115$，铝芯 $K=76$。

c. 短路持续时间小于 0.1s 时，应计入短路电流非周期分量的影响；大于 5s 时应计入散热的影响。

③选用的低压断路器，短路电流不应小于低压断路器瞬时或短延时过电流脱扣器整定电流的 1.3 倍。

④在线芯截面减小处、分支处或导体类型、敷设方式或环境条件改变后载流量减小处的线路，当越级切断电路不引起故障线路以外的一、二级负荷的供电中断，且符合下列情况之一时，可不装设短路保护：

a. 配电线路被前段线路短路保护电器有效地保护，且此线路和其过负载保护电器能承受通过的短路能量；

b. 配电线路电源侧装有额定电流为20A及以下的保护电器。

（3）过负载保护

①配电线路的过负载保护，应在过负载电流引起的导体温升对导体的绝缘、接头、端子或导体周围的物质造成损害前切断负载电流。

②过负载保护电器宜采用反时限特性的保护电器，其分断能力可低于电器安装处的短路电流值，但应能承受通过的短路能量。

③过负载保护电器的动作特性应同时满足下列条件：

$$I_B \leq I_n \leq I_Z \quad I_2 \leq 1.45 I_Z$$

式中：I_B——线路计算负载电流（A）；

I_n——熔断器熔体额定电流或断路器额定电流或整定电流（A）；

I_Z——导体允许持续载流量（A）；

I_2——保证保护电器可靠动作的电流（A）。当保护电器为低压断路器时，I_Z为约定时间内的约定动作电流；当为熔断器时，I_Z为约定时间内的约定熔断电流。

④突然断电比过负载造成的损失更大的线路，其过负载保护应作用于信号而不应作用于切断电路。

（三）照明负荷的计算

支线和干线负荷的计算，对于一般工程可采用单位面积耗电量法进行估算，就是依据工程设计的建筑名称，查有关手册选取照明装置单位面积的耗电量，再乘以该建筑物的面积，即可得到该建筑物的照明供电负荷估算值。

（四）照明线路导线横截面积及保护装置的选择

1. 照明线路导线截面选择

可按下列步骤进行：

（1）在计算线路工作电流基础上，可按导线的允许载流量来选择截面；

（2）选定导线规格后，校验线路电压强度。要求线路末端电压不低于允许值；

（3）按照机械强度（即允许的最小截面）校验导线截面；

（4）选用的保护设备，应与照明线路截面相互配合。

在零线截面选择时注意：在三相四线制供电系统中，如果负荷全部或大部分为气体放电灯，则供电系统中具有三次谐波电流，零线截面应按最大的一相的电流选择。

2. 导体的选择

（1）导体的类型应按敷设方式及环境条件选择。绝缘导体除满足上述条件外，还应符合工作电压的要求。

（2）选择导体截面，应符合下列要求：

①线路电压损失应满足用电设备正常工作及起动时端电压的要求；

②按敷设方式及环境条件确定的导体载流量，不应小于计算电流；
③导体应满足动稳定与热稳定的要求；
④导体最小截面应满足机械强度的要求，固定敷设的导线最小芯线截面应符合表 4-1 的规定。

表 4-1   固定敷设的导线最小芯线截面

敷设方式	最小芯线截面/mm²	
	铜芯	铝芯
绝缘导线穿管敷设	1.0	2.5
绝缘导线槽板敷设	1.0	2.5
绝缘导线线槽敷设	0.75	2.5

（3）敷设路径的冷却条件：沿不同冷却条件的路径敷设绝缘导线和电缆时，当冷却条件最坏段的长度超过 5m，应按该段条件选择绝缘导线和电缆的截面，或只对该段采用大截面的绝缘导线和电缆。

（4）敷设环境温度的校正：导体的允许载流量，应根据敷设处的环境温度进行校正，温度校正系数可按下式计算：

$$K = \sqrt{(t_1 - t_0) / (t_2 - t_0)}$$

式中：K——温度校正系数；
　　　t_1——导体最高允许工作温度（℃）；
　　　t_0——敷设处的环境温度（℃）；
　　　t_2——导体载流量标准中所采用的环境温度（℃）；

（5）导线敷设处的环境温度
①直接敷设在土壤中的电缆，采用敷设处历年最热月的月平均温度；
②敷设在空气中的裸导体，屋外采用敷设地区最热月的平均最高温度；屋内采用敷设地点最热月的平均最高温度（均取 10 年或以上的总平均值。）

（6）中性线截面
①在三相四线制配电系统中，中性线（以下简称 N 线）的允许载流量不应小于线路中最大不平衡负荷电流，且应计入谐波电流的影响。
②以气体放电灯为主要负荷的回路中，中性线截面不应小于相线截面。
③采用单芯导线作保护中性线（以下简称 PEN 线）干线，当截面为铜材时，不应小于 10mm²；为铝材时，不应小于 16mm²；采用多芯电缆的芯线作 PEN 线干线，其截面不应小于 4mm²。

（7）保护线（以下简称 PE 线）截面
①当保护线（以下简称 PE 线）所用材质与相线相同时，PE 线最小截面应符合表 4-2 的规定。

表 4-2　　　　　　　　　　PE 线最小截面

相线芯线截面 S/mm^2	PE 线最小截面 $/\mathrm{mm}^2$
$S \leqslant 16$	S
$16 < S \leqslant 35$	16
$S > 35$	$S/2$

②PE 线采用单芯绝缘导线时，按机械强度要求，截面不应小于下列数值：

有机械性的保护时为 $2.5\mathrm{mm}^2$；

无机械性的保护时为 $4\mathrm{mm}^2$。

③装置外可导电部分禁用作 PEN 线。

④在 TN-C 系统中，PEN 线严禁接入开关设备。

3. 电器的选择

（1）低压配电设计所选用的电器应符合下列要求

①电器的额定电压应与所在回路标称电压相适应；

②电器的额定电流不应小于所在回路的计算电流；

③电器的额定频率应与所在回路的频率相适应；

④电器应适应所在场所的环境条件。

⑤电器应满足短路条件下的动稳定与热稳定的要求。用于断开短路电流的电器，应满足短路条件下的通断能力。

（2）验算电器在短路条件下的通断能力，应采用安装处预期短路电流周期分量的有效值，当短路点附近所接电动机额定电流之和超过短路电流的 1% 时，应计入电动机反馈电流的影响。

（3）隔离电器的安装

①当维护、测试和检修设备需断开电源时，应设置隔离电器。

②隔离电器应使所在回路与带电部分隔离，当隔离电器误操作会造成严重事故时，应采取防止误操作的措施。

③隔离电器宜采用同时断开电源所有极的开关或彼此靠近的单极开关。

④隔离电器可采用下列电器：单极或多极隔离开关、隔离插头；插头与插座；连接片；不需要拆除导线的特殊端子；熔断器。半导体电器严禁作隔离电器。

（4）通断电流的操作电器可采用下列电器：

①负荷开关及断路器；

②继电器、接触器；

③半导体电器；

④10A 及以下的插头与插座。

4. 保护装置的选择

照明线路保护装置的选择见表 4-3。

新建住宅推荐采用具有漏电保护兼有过流保护的 DZL-18-20 型漏电自动开关。

表 4-3　　　　　　　　照明线路保护装置的选择

保护装置类型		保护装置整定电流 / 照明线路计算电流		
		白炽灯、卤钨灯、荧光灯、金属卤化物灯	高压汞灯	高压钠灯
低压熔断器	RCIA 型等	1	1.0~1.5	1.1
	RL1 型等	1	1.3~1.7	1.5
低压断路器	带热脱扣器和长延时脱扣器	1	1.1	1
	带瞬时和短延时脱扣器	6	6	6
备注	保护装置整定电流，对熔断器为熔体电流，对低压断路器为脱扣电流			

二、常用灯具的选择与布置

（参照学习情境二）

【知识链接 2】电气设备的防雷与接地

电力系统中，雷击是主要的自然灾害，会引起火灾或爆炸事故，危及人身安全。雷电可以损坏设备或设施，造成大规模停电，因此必须对电力设备、建筑物等采取一定的防雷措施。

如果工作人员操作时直接触及或过分靠近电气设备，或人体触及电气设备中因绝缘损坏而带电的金属外壳或与之相连接的金属构架遭到伤害，称其为触电。为了避免触电事故的发生，保证除遵守安全操作规程外，通常采用保护接地和保护接零措施。

一、防　　雷

雷电是一种大气放电现象，产生于积雨云中。积雨云在形成过程中，某些云团带正电荷，某些云团带负电荷。它们对大地的静电感应，使地面或建（构）筑物表面产生异性电荷，当电荷积聚到一定程度时，不同电荷云团之间，或云与大地之间产生强烈的放电现象，并伴随强烈的闪光和轰鸣，这就是雷电现象。

雷电过电压亦称外部过电压或大气过电压。大气过电压有两种基本形式：一种是雷电直接对建筑物或其他物体放电，其过电压引起强大的雷电流通过这些物体入地，从而产生破坏性很大的热效应和机械效应，这叫做直接雷击或直击雷，如图4-5所示。直击雷能击毁杆塔和建筑物，烧断导线，烧毁设备，引起火灾。

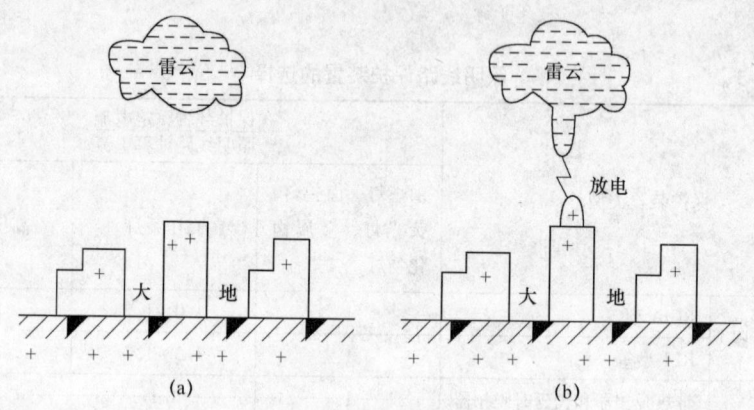

图4-5　直击雷示意图
(a) 负雷云在建筑物上方时　(b) 雷云对建筑物放电

另一种是雷电的静电感应或电磁感应所引起的过电压，叫做感应过电压或感应雷，能击穿电气绝缘，甚至引起火灾。如图4-6所示。

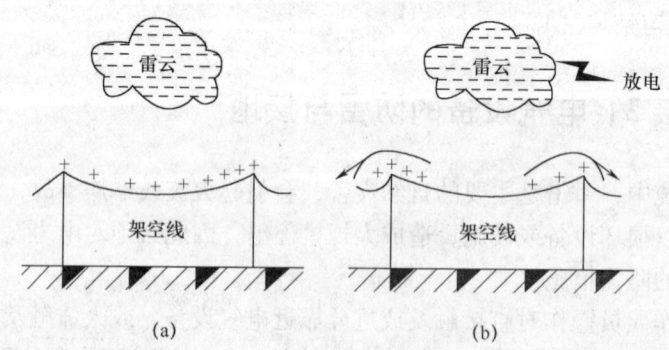

图4-6　架空线路上的感应过电压
(a) 雷云在线路上　(b) 雷云在放电后

由于直击雷或感应雷而产生的高电压雷电波，沿架空线路或金属管道侵入变配电所或用户，称雷电侵入波。雷电冲击波的电压幅值可高达1亿伏，其电流幅值可高达几十万安，对电力系统的危害远远超过内部过电压，可能毁坏电气设备和线路的绝缘，烧断线路，造成大面积长时间停电。因此，必须采取有效措施加以防护。这种雷电波侵入造成的危害占雷害总数的一半以上。

雷电具有很大的破坏性，被雷击后会造成人畜死伤、建筑物损毁或线路停电、电力设备损坏等。为了尽可能避免雷电造成的危害，应当采取必要的防雷措施。

(一) 防雷保护的措施

1. 防直击雷保护

接闪器或避雷器、引下线和接地装置三部分组成防直击雷最常见的避雷装置。接闪器的金属杆称为避雷针，主要用于保护露天变配电设备及建筑物；接闪器的金属线称避雷线或架空地线，主要用于保护输电线路；接闪器的金属带、金属网（称避雷带）、避雷网，主要用于保护建筑物。它们都是利用其高出被保护物的突出地位，把雷电引向自身，然后通过引下线和接地装置把雷电流泄入大地，使被保护的线路、设备、建筑物免受雷击。因此，接闪器的实质是引雷。

（1）避雷针。避雷针一般采用长度为 1~2m、直径不小于 20mm 的镀锌圆钢或采用长度为 1~2m、内径不小于 25mm 的镀锌钢管制成。它通常安装在电杆或构架、建筑物上。

由于避雷针安装高度高于被保护物，因此当雷电临近地面时，它能改变雷电先导的通道方向，吸引到避雷针上，然后经与避雷针相连的引下线和接地装置将雷电流泄放到大地中去。

一定高度的避雷针（线）下面，有一个安全区域，此区域内的物体基本上不受雷击。这个安全区域叫做避雷针的保护范围。保护范围的大小与避雷针的高度有关。

避雷针的保护范围，以其能防护直击雷的空间来表示，按新颁国家标准采用"滚球法"来确定。"滚球法"，就是选择一个半径为 h_0（滚球半径）的球，沿需要防护直击雷的部分滚动，如果球体只触及接闪器或接闪器和地面，而不触及需要保护的部位时，则该部位就在这个接闪器的保护范围之内。滚球半径是按建筑物的防雷类别确定的。

（2）避雷线。避雷线是用来保护架空电力线路和露天配电装置免受直击雷的装置。它由地导线、接地引下线和接地体等组成，因而也称"架空地线"。它的作用和避雷针一样，将雷电引向自身，并安全导入大地，使其保护范围内的导线或设备免遭直击雷。避雷线一般采用截面不小于 $35mm^2$ 的镀锌钢绞线，架设在架空线的上方。注意，确定架空避雷线的高度时应考虑弧垂。在无法确定弧垂的情况下，等高支柱间的档距小于 120m 时，其避雷线中点的弧垂宜选用 2m；档距为 120~150m 时宜选用 3m。

（3）避雷带和避雷网。雷电最容易击中建筑物的边缘及凸出部分。所以在建筑物的边缘及凸出部分上加装避雷带，通过引下线和接地装置很好地连接。对于重要建筑物，除这种办法外还应在屋面上敷设 6m×6m 的避雷网，以降低屋内过电压。避雷带和避雷网宜采用圆钢和扁钢，优先采用圆钢。圆钢直径应不小于 8mm，扁钢截面应不小于 $48mm^2$，其厚度应不小于 4mm。避雷带和避雷网的保护范围应是其所处的整幢高层建筑,为了达到保护的目的,避雷网的网格尺寸有具体的要求。

(4) 避雷针(线)的接地装置。接地引下线是接闪器与接地体之间的连接线,它将接闪器上的雷电流安全地引入接地体,使之尽快地泄入大地。引下线一般采用直径为 8mm 的镀锌圆钢或截面不小于 $25mm^2$ 的镀锌钢绞线。接地体避雷针的地下部分,其作用是将雷电流直接泄入大地。接地体埋设深度不应小于 0.6m,垂直接地体的长度不应小于 2.5m,垂直接地体之间的距离一般不小于 5m。接地体一般采用直径为 $19mm^2$ 的镀锌圆钢。

接地装置的接地电阻的大小,直接影响到电气设备的安全运行。若阻值太大时则会在接地电阻上产生很高的电位,可能使电气设备绝缘击穿,并使设备的带电导体及线路产生过电压。为防止这种现象的发生,必须采取以下措施:避雷针接地必须良好,接地电阻不宜超过 10Ω;35kV 及以下变配电所的避雷针应单独装设支架,避雷针与被保护设备之间的空气距离不小于 5m;独立避雷针应有自己专用的接地装置,接地装置与变配电所接地网间的地中距离不应小于 3m;雷击避雷针时,在避雷针接地装置附近可能产生较高的跨步电压,危害人身安全。因此避雷针及接地装置与道路入口等的距离不小于 3m。

对于 60kV 及以上的变配电所,由于其电气设备的绝缘较强,允许将避雷针装于屋顶或门型构架上;而对 35kV 及以下变配电所和变电站的主变压器,由于其绝缘较弱,不允许在屋顶或门型构架上装设避雷针。

2. 感应雷和入侵雷防护

避雷器是用来防止线路的感应雷及沿线路侵入的过电压波对变电所内的电气设备造成的损害。它一般接于各段母线与架空线的进出口处,装在被保护设备的电源侧,与被保护设备并联,如图 4-7 所示。

避雷器的类型有管型避雷器、阀型避雷器、金属氧化物避雷器、保护间隙等。避雷器外形结构见图 4-8。

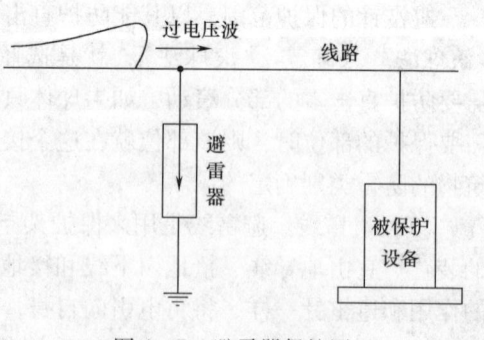

图 4-7 避雷器保护图

3. 防雷措施

(1) 架空线的防雷措施。架设避雷线是架空线防雷的有效措施,但造价高,因此只在 60kV 及以上的架空线路上才全线装设。35kV 的架空线路上,一般只在进出变配电所的一段线路上装设。而 10kV 及以下线路上一般不装设避雷线。

对于低压(380/220V)架空线路的保护一般可采取以下措施:

①在多雷地区,当变压器采用 Y/y 接线时,宜在低压侧装设阀式避雷器或

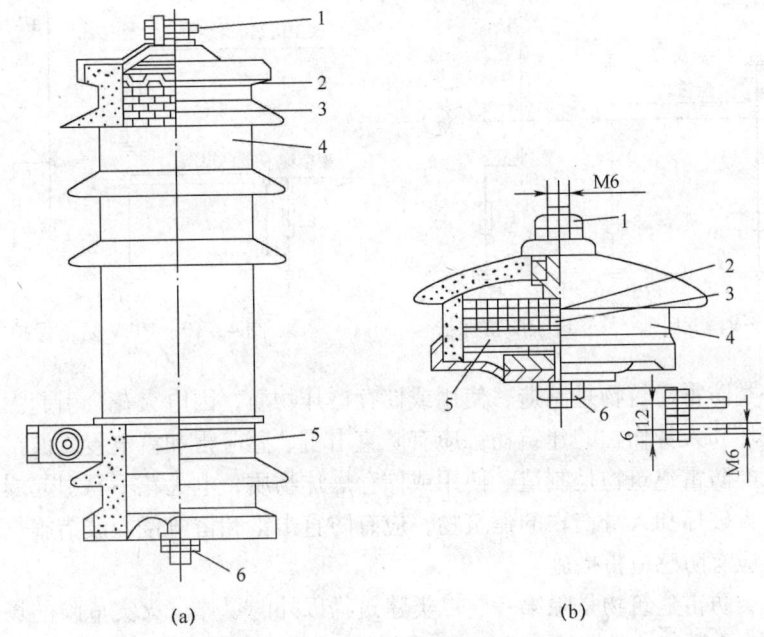

图 4-8 高、低压避雷器外形结构
(a) FS4-10 型 (b) FS-0.38 型
1—上接线端 2—火花间隙 3—云母片垫圈 4—瓷套管 5—阀片 6—下接线端

保护间隙。当变压器低压侧中性点不接地时，应在其中性点装设击穿熔断器。

②对于重要用户，宜在低压线路进入室内前 50m 处安装低压避雷器，进入室内后再装低压避雷器。

③对于一般用户，可在低压进线第一支持物处装设低压避雷器或击穿熔断器。

(2) 变配电所的防雷措施

①装设避雷针来防止直击雷。通过引下线和接地装置泄入大地，避雷针及引下线上的高电位可能对附近的建筑物和变配电设备发生"反击闪络"。

②进线防雷保护。3~10kV 配电线路的进线防雷保护，可以在每路进线终端，装设管型避雷器，以保护线路断路器及隔离开关，如图 4-9 所示。如果进线是电缆引入的架空线路，则在架空线路终端靠近电缆头处装设避雷器，其接地端与电缆头外壳相连后接地。

③配电装置防雷保护。为防止雷电冲击波沿高压线路侵入变电所，对所内设备造成危害，特别是价值最高但绝缘相对薄弱的电力变压器，在变配电所每段母线上装设一组阀型避雷器，并应尽量靠近变压器，距离一般不应大于 5m，如图 4-10 避雷器的接地线应与变压器低压侧接地中性点及金属外壳连在一起接地。

(3) 建筑物的防雷措施。各种建筑物中，根据其重要性、使用性质、发生雷电事故的概率和后果，按对防雷的要求不同分成三类。

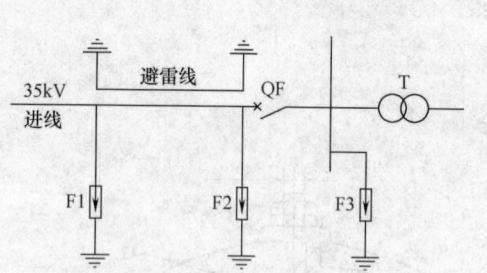
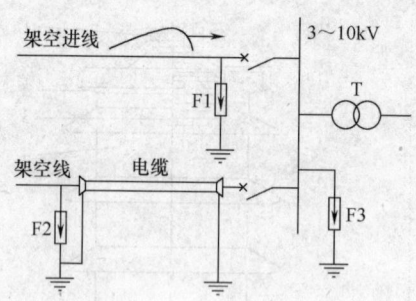

图4-9 变电所35kV进线防雷保护　　图4-10 10kV防雷保护

第一类防雷建筑物是制造、使用或储存爆炸物质，因电火花会引起爆炸，造成巨大破坏和人身伤亡的建筑物；应有防直击雷、感应雷和雷电侵入波措施。

第二类防雷建筑物是制造、使用或储存爆炸物质，电火花不易引起爆炸或不致造成巨大破坏和人身伤亡的建筑物，应有防直击雷和雷电侵入波措施，有爆炸危险的也应有防感应雷措施。

第三类防雷建筑物是除第一、二类建筑物以外的爆炸、火灾危险的场所，如年预计雷击次数 $N \geqslant 0.06$ 的一般工业建筑物，或年预计雷击次数 $0.3 \geqslant N > 0.06$ 的一般性民用建筑物，以及15～20m以上的孤立的高耸的建筑物（如烟囱、水塔），应有防直击雷和雷电侵入波措施。

①防直击雷：第一、二类建筑物装设独立避雷针或架空避雷线（网），使被保护的建筑物及风帽、放散管等突出屋面的物体均处于接闪器的保护范围内。第三类建筑物宜采用装设在建筑物上的避雷针或避雷带或其混合的接闪器；引下线不应少于两根；建筑物宜利用钢筋混凝土屋面板、梁、柱和基础钢筋作为接闪器、引下线和接地装置。砖烟囱、钢筋混凝土烟囱，宜在烟囱上装设避雷针或避雷环保护。这类建筑物为防止直击雷可在建筑物最易遭受雷击的部位装设避雷带或避雷针进行重点防护。若为钢筋混凝土屋面，则可利用其钢筋作为防雷装置；为防止过电压沿线侵入，可在进户线上安装保护间隙或将其绝缘子铁脚接地。

②防感应雷：对非金属屋面应敷设避雷网，室内一切金属管道和设备，均应良好接地并且不得有开口环路，以防止感应过电压。

③防雷电侵入波：低压线路采用全电缆直接埋地敷设。架空线路采用电缆入户，电缆金属外皮与电气设备接地相连。对低压架空进出线，在进出处装设避雷器。架空金属管道、埋地或地沟内的金属管道，在进出建筑物处，应与防雷接地装置相连。

二、接　　地

（一）接地的概念和种类

1. 接地的基本概念

电气设备的某部分与大地之间进行良好的电气连接，称为接地。接地装置是由接地体和接地线两部分组成的。埋入地中并直接与土壤相接触的金属导体,称接地体或接地极,如埋地的钢管、角铁等。电气设备应接地部分与接地体(极)相连接的金属导体(线)称为接地线。接地线在设备正常运行情况下是不载流的,但在故障情况下要通过接地故障电流。由若干接地体在大地中用接地线相互连接起来的一个整体,称为接地网。其中接地线又分接地干线和接地支线,如图4-11所示。接地干线一般应采用不少于两根导体,在不同地点与接地网连接。

当电气设备发生接地故障时,电流就通过接地体向大地作半球形散开,这一电流称为接地电流,如图4-12中的I_E所示。试验表明,在距单根接地体或接地故障点20m左右的地方,实际上散流电阻已趋近于零,电位为零的地方,称为电气上的"地"或"大地"。电气设备的接地部分与零电位的"地"(大地)之间的电位差,就称为接地部分的对地电压,如图4-12中的U_E所示。

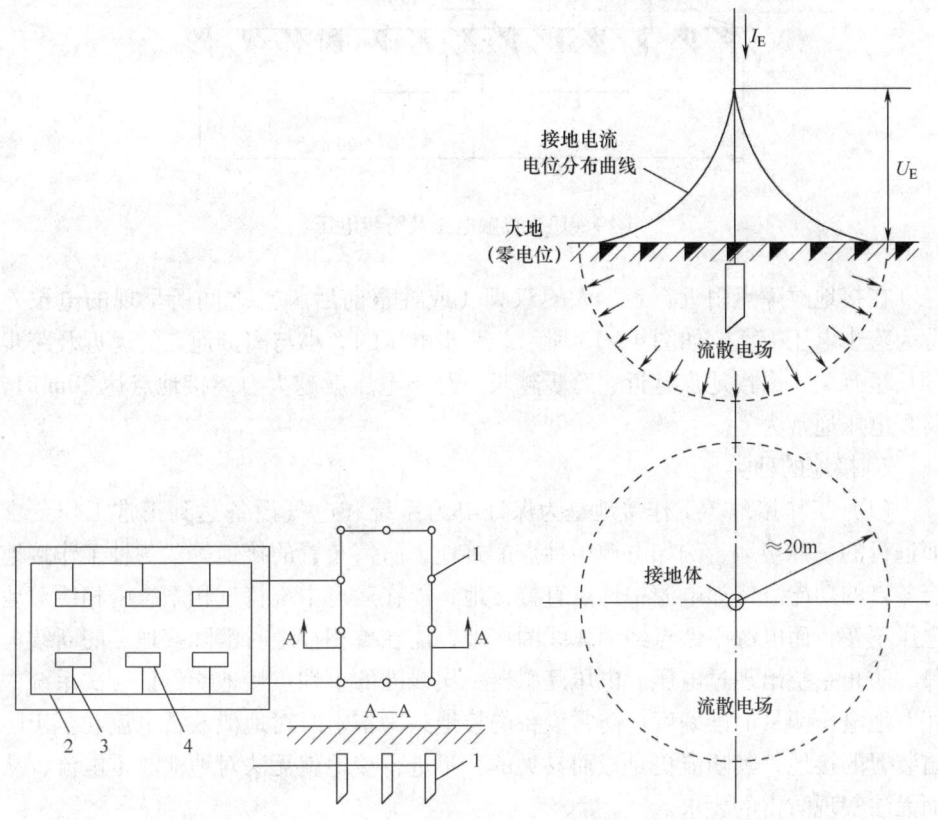

图4-11 接地网示意图
1—接地体 2—接地干线
3—接地支线 4—保护设备

图4-12 接地电压、电流分布图

当电气设备绝缘损坏时,人站在地面上接触该电气设备,人体所承受的电位差称为接触电压U_{tou}。例如,当设备发生接地故障时,以接地点为中心的地表约20m半径的圆形范围内,便形成了一个电位分布区。这时如果有人站在该设备旁边,手触及带电外壳,那么手与脚之间所呈现的电位差,即为接触电压 U_{tou},如图 4-13 所示。

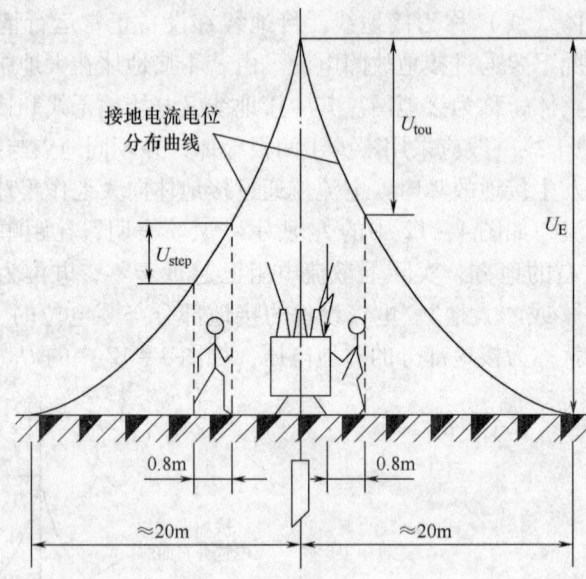

图 4-13 接触电压及跨步电压

在接地故障点附近行走,人的双脚(或牲畜前后脚)之间所呈现的电位差称为跨步电压 U_{step},如图 4-13 所示。跨步电压的大小与离接地点的远近及跨步的长短有关,离接地点越近、跨步越长,跨步电压就越大。离接地点达 20m 时,跨步电压通常为零。

2. 接地的种类

(1) 工作接地。工作接地是为保证电力系统和电气设备达到正常工作要求而进行的一种接地,例如电源中性点的接地、防雷装置的接地等。各种工作接地有各自的功能。例如电源中性点直接接地,能在运行中维持三相系统中相线对地电压不变,而电源中性点经消弧线圈接地,能在单相接地时消除接地点的断续电弧,防止系统出现过电压。电压互感器一次线圈的中性点接地能保证一次系统中相对地电压测量的准确度,防雷设备的接地是为雷击时对地泄放雷电流。至于防雷装置的接地,其功能更是显而易见的,不进行接地就无法对地泄放雷电流,从而无法实现防雷的要求。

(2) 保护接地。将在故障情况下可能呈现危险的对地电压的设备外露可导电部分进行接地称为保护接地。电气设备上与带电部分相绝缘的金属外壳,通常因绝缘损坏或其他原因而导致意外带电,容易造成人身触电事故。为保障人身安全,避免或减小事故的危害性,电气工程中常采用保护接地。

如图 4-14 (a) 所示,电力设备没有接地,当电力设备某处绝缘损坏而使其正常情况下不带电的金属外壳带电时，若人体触及带电的金属外壳，由于线路与大地间存在分布电容，接地短路电流通过人体，这是相当危险的。但是，当电气设备采用保护接地后，如图4-14（b）所示，人体触及带电的金属外壳，接地短路电流将同时沿着接地体和人体两条通路流过，流过每一条通路的电流值与其电阻成反比。接地装置的接地电阻愈小，流经人体的电流就愈小。通常人体的电阻比接地装置的电阻大得多，所以流经人体的电流较小。只要接地电阻符合要求（一般不大于4Ω）就可以大大的降低危险，起到保护作用。

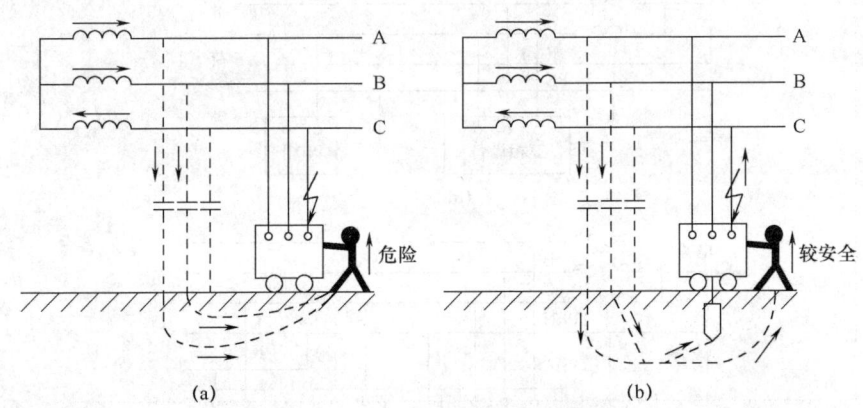

图4-14 电气设备的保护接地
(a) 没有保护接地 (b) 有保护接地

保护接地一般应用在高压系统中，在中性点直接接地的低压系统中有时也有应用。

（二）接地系统

保护接地系统可以分为三种类型，即TN系统、TT系统、IT系统。

1. TN系统

TN系统的电源中性点直接接地，并引出有中性线（N线）、保护线（PE线）或保护中性线（PEN线），属于三相四线制或五线制系统。如果系统中的N线与PE线全部合为PEN线，则此系统为TN-C系统，如图4-15（a）所示。该接线保护方式适用于三相负荷比较平衡且单相负荷不大的场所，在工厂低压设备接地保护中使用相当普遍。如果系统中的N线与PE线全部分开，电气设备的金属外壳接在PE线上，则此系统称为TN-S系统，如图4-15（b）所示。

TN-C-S系统是TN-C和TN-S系统的综合，电气设备大部分采用TN-C系统接线，在设备有特殊要求的场合，局部采用专设保护线接成TN-S形式，如图4-15（c）所示。TN系统中，设备外露可导电部分经低压配电系统中公共的PE线（在TN-S系统中）或PEN线（在TN-C系统中）接地，这种接地形式我国习惯称为"保护接零"。

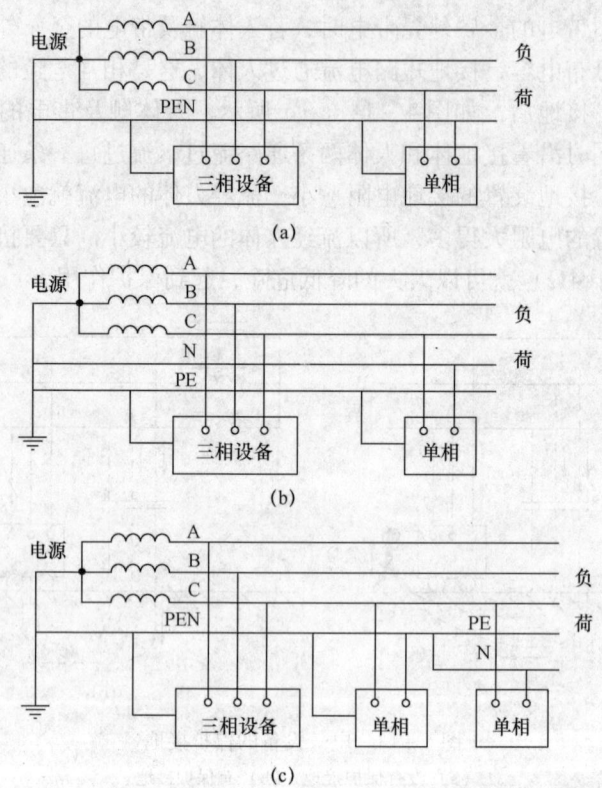

图 4-15 低压配电的 TN 系统
(a) TN-C 系统 (b) TN-S 系统 (c) TN-C-S 系统

TN 系统中的设备发生单相碰壳漏电故障时，就形成单相短路回路，因该回路内不包含任何接地电阻，整个回路的阻抗就很小，故障电流很大，足以保证在最短的时间内使熔体熔断、保护装置或自动开关跳闸，从而切除故障设备的电源，保障人身安全。

2. TT 系统

配电系统的中性线（N 线）引出，但电气设备的不带电金属部分经各自的接地装置直接接地，与系统接线不发生关系。

必须注意：同一低压系统中，不能有的采取保护接地，有的又采取保护接零，否则当采取保护接地的设备发生单相接地故障时，采取保护接零的设备外露可导电部分将带上危险的电压。中性点不接地系统中的设备不允许采用保护接零。因为任一设备发生碰壳时都将使所有设备外壳上出现近于相电压的对地电压，这是十分危险的。在中线上不允许安装熔断器和开关，以防中线断开，失去保护接零的作用，为安全起见，中线还要采用重复接地，以保证保护接零的可靠性。

3. IT 系统

IT 系统的电源中性点不接地或经 1kΩ 阻抗接地，通常不引出 N 线，属于三相三线制系统,设备的外露可导电部分均经各自的接地装置单独接地,是对电源小电流接地系统的保护接地方式。如图4-16(a)所示。

如图4-16(b)所示,当电气设备因故障金属外壳带电时,接地电容电流分别经接地体和人体两条支路通过,只要接地装置的接地电阻在一定范围内,就会使流经人体的电流被限制在安全范围。

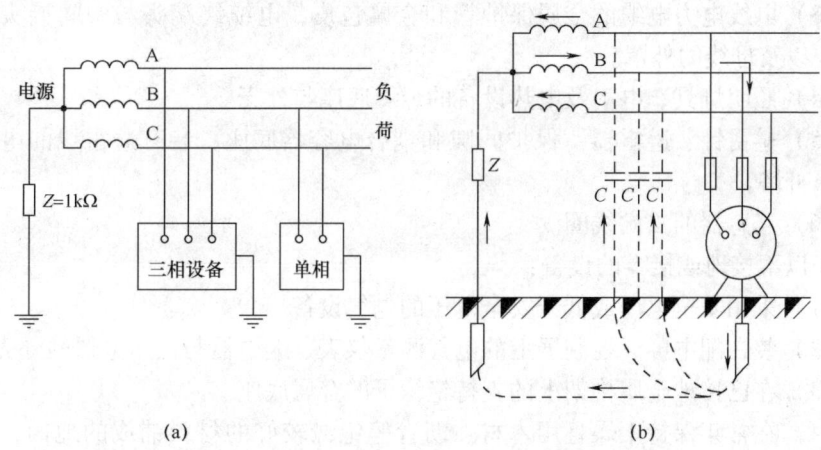

图4-16 IT系统及一相接地时故障电流

4. 重复接地

将中性线上的一处或多处通过接地装置与大地再次连接,称重复接地。重复接地可在系统中发生碰壳短路时降低中性线的对地电压,减轻触电的危险。在架空线路终端及沿线每1km处、电缆及架空线引入建筑物处,都要重复接地,如不重复接地,当中性线万一断线而同时断点之后某一设备发生单相碰壳时,断点之后的接零设备外壳都将出现较高的接触电压,如图4-17所示。不允许在中性线上装设熔断器和开关。

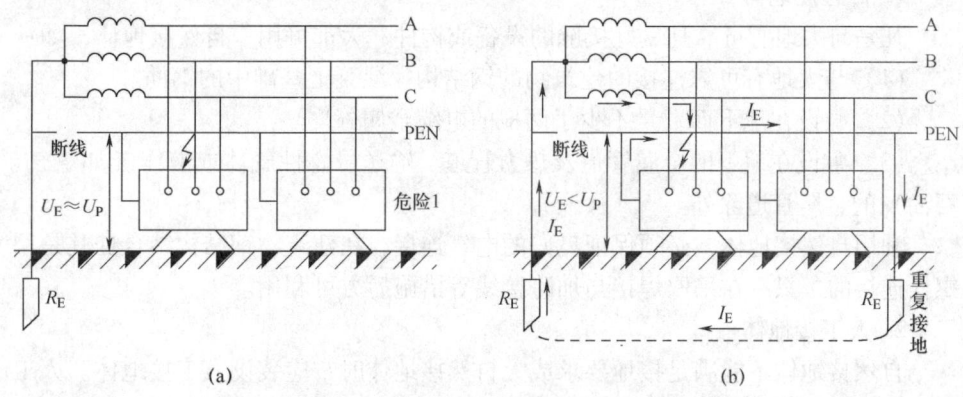

图4-17 重复接地功能说明示意图
(a) 没有重复接地,PE线或PEN线断线时 (b) 采取重复接地,PE线或PEN线断线时

凡因绝缘损坏而可能带有危险电压的电气设备及电气装置的金属外壳和框架应可靠接地或接零，其中包括：

（1）电动机、变压器、变阻器、电力电容器、开关设备的金属外壳。

（2）配电、控制屏（柜、箱）的金属框架和底座，邻近带电设备的金属遮栏。

（3）电线电力电缆的金属保护管和金属包皮，电缆终端头与中间接头的金属包皮以及母线的外罩。

（4）照明灯具、电扇及电热设备的金属底座与外壳。

（5）避雷针、避雷器、保护间隙和耦合电容器底座，装有避雷线的电力线路金属杆塔。

（6）互感器的二次线圈。

可以不接地或接零的设备：

（1）采用安全电压或低于安全电压的电气设备。

（2）装在配电屏、控制屏上的电气测量仪表、继电器与低压电器的外壳。

（3）在已接地金属构架上的支持绝缘子的金属底座。

（4）在常年保持干燥且用木材、沥青等绝缘较好的材料铺成的地面，其室内低压电气设备的外壳。

（5）额定电压为220V及以下的蓄电池室的金属框架。

（6）厂内运输铁轨。

（7）电气设备安装在高度超过2.2m的不导电建筑材料基座上，须用木梯才能接触到，且不会同时触及接地部分。

（三）接地装置

接地装置的主要部分是接地体，其选择和敷设时能否取得合格电阻是关键，接地体可分为自然接地体和人工接地体。

1. 自然接地体

凡是与大地有可靠且良好接触的设备或构件，大都可用作自然接地体，如：

（1）与大地有可靠连接的建筑物的钢结构、混凝土基础中的钢筋。

（2）敷设在地下而数量不少于两根的电缆金属外皮。

（3）敷设在地下的金属管道及热力管道。输送可燃性气体或液体（如煤气、石油）的金属管道除外。

利用自然接地体，必须保证良好的电气连接，在建筑物钢结构结合处凡是用螺栓连接的，只有在采取焊接与加跨接线等措施后方可利用。

2. 人工接地体

自然接地体不能满足接地要求或无自然接地体时，应装设人工接地体。人工接地体大多采用钢管、角钢、圆钢和扁钢制作。一般情况下，人工接地体都采取垂直敷设，特殊情况如多岩石地区，可采取水平敷设。

为减少自然因素（如环境温度）对接地电阻的影响，接地体顶部距地面应不小于 0.6m。

多根接地体相互靠近时，入地电流将相互排斥，影响入地电流流散，这种现象，称为屏蔽效应。屏蔽效应使得接地体组的利用率下降，因此，安排接地体位置时，为减少相邻接地体间的屏蔽作用，垂直接地体的间距应不小于接地体长度的两倍，水平接地体的间距，一般不小于 5m。

最常用的垂直接地体为直径 50mm、长 2.5m 的钢管。水平接地体的长度为 5~20m 为宜，如图 4-18 所示。

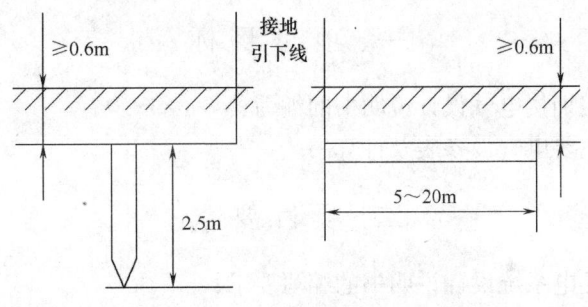

图 4-18 人工接地体示意图

3. 变配电所和车间的接地装置

在变配电所及车间内，应尽可能采用"环路式"接地装置，即在变配电所和车间建筑物四周，距墙脚 2~3m 打入一圈接地体，再用扁钢连成环路。这样，接地体间的散流电场将相互重叠而使地面上的电位分布较为均匀，因此，跨步电压及接触电压就很低。当接地体之间距离为接地体长度的 1~3 倍时，这种效应就更明显。若接地区域范围较大，可在环路式接地装置范围内，每隔 5~10m 宽度增设一条水平接地带作为均压连接线，该线还可以作为接地干线用。为了连接可靠并有一定的机械强度，一般采用钢作为人工接地线。对于接地体和接地线的截面积应符合我国电气规定的最小规格，以使设备的接地线连接更为安全可靠。在经常有人出入的地方，应加装"帽檐式"均压带，或采用高绝缘路面。

4. 接地线

（1）自然接地线。为了节约金属、减少投资，应尽量选择自然导体作为接地线。如建筑物的金属构架、电梯竖井、电缆的金属外皮等。各金属管道（可燃或可爆液体、气体金属管道除外）可作为低压电力设备的自然接地线。

（2）人工接地线。为了连接可靠并有一定的机械强度，一般采用钢作为人工接地线。对于接地体和接地线的截面积应符合我国电气规定的最小规格。根据电流及允许载流量选择其载面，可选用铜芯 $2.5mm^2$ 或铝芯 $4mm^2$。

子情境二 实训楼动力配电系统设计

【训练项目】编写电气设计说明书

一、项目目标

（1）完成实训楼电气设计说明书的编写；
（2）编写主要电气设备表及计算书。

二、项目要求

（1）熟悉配电系统设计说明书的编写要求；
（2）设计说明书应包含实训楼所有的电气部分内容。

三、项目实训仪器、设备及实训材料

（1）计算器10台；
（2）记录表1份/组。

四、项目实训内容与步骤

任务 实训楼电气说明书编写

（1）设计依据
①建筑概况：应说明建筑类别、性质、面积、层数、高度等；
②相关专业提供给本专业的工程设计资料；
③建设方提供的有关职能部门（如供电部门、消防部门、通信部门、公安部门等）认定的工程设计资料，建设方设计要求；
④本工程采用的主要标准及法规。
（2）设计范围
①根据设计任务书和有关设计资料说明本专业的设计工作内容和分工；
②本工程拟设置的电气系统；
③确定负荷等级和各类负荷容量；
④确定供电电源及电压等级，电源由何处引来，电源数量及回路数、专用线或非专用线、电缆埋地或架空、近远期发展情况；

⑤备用电源和应急电源容量确定原则及性能要求,有自备发电机时,说明起动方式及与市电网关系;

⑥高、低压供电系统结线型式及运行方式:正常工作电源与备用电源之间的关系;母线联络开关运行和切换方式;变压器之间低压侧联络方式;重要负荷的供电方式;

⑦变、配电站的位置、数量、容量(包括设备安装容量、计算有功、无功、视在容量、变压器台数、容量)及型式(户内、户外或混合),设备技术条件和选型要求;

⑧继电保护装置的设置;

⑨电能计量装置:采用高压或低压;专用柜或非专用柜(满足供电部门要求和建设方内部核算要求);监测仪表的配置情况;

⑩功率因数补偿方式:说明功率因数是否达到供用电规则的要求,应补偿量和采取的补偿方式和补偿前后的结果;

⑪操作电源和信号:说明高压设备操作电源和运行信号装置配置情况;

⑫工程供电:高、低压进出线路的型号及敷设方式。

(3) 配电系统

①电源由何处引来、电压等级、配电方式;对重要负荷和特别重要负荷及其他负荷的供电措施;

②选用导线、电缆、母干线的材质和型号,敷设方式;

③开关,插座,配电箱、控制箱等配电设备选型及安装方式;

④电动机起动及控制方式的选择;

⑤照明种类及照度标准;

⑥光源及灯具的选择、照明灯具的安装及控制方式;

⑦室外照明的种类(如路灯、庭院灯、草坪灯、地灯、泛光照明、水下照明等)、电压等级、光源选择及其控制方法等;

⑧照明线路的选择及敷设方式(包括室外照明线路的选择和接地方式)。

五、思考与分析

(1) 平面布置图包括哪些内容?

(2) 绘制低压供电系统图应包含哪些内容?

【知识链接1】配电系统设计基本要求

配电系统设计应根据设计项目、设备设置状况、用电负荷性质、装机容量来考虑。

一、配电设计原则

配电设计应满足供电可靠性和电压质量的要求。系统接线不宜复杂，在操作安全、检修方便的前提下，应有一定的灵活性、配电系统以三级保护为宜。配电室或配电箱应设置在负荷中心，以最大限度地减少导线截面，降低电能损耗。性质相同或相近的用电设备应由同一线路供电，不同性质的用电设备应由不同支路的线路供电。

在三相供电线路中，单相用电设备应均匀地分配到三相线路，尽可能做到三相平衡。由单相负荷分配不均匀所引起的中性线电流不得超过额定电流的25%，每一相的电流在满载时不得超过额定电流值。在配电系统中的配电屏、配电箱应留有适当的备用回路，选择导线截面也应适当留有余量。

二、配电设计质量

1. 电压选择

配电设计质量的好坏直接影响到用户的使用效果，而电压选择是配电系统设计的前提。低压配电系统供电电压国家规定为380V/220V，一般采用三相四线制供电。

2. 电压偏移

在一般情况下，电动机与照明器的端电压允许偏移值为±5%，特殊情况下为-10%~+5%。

【知识链接2】负荷分级及其对供电电源的要求

一、电力负荷分类

电力负荷应根据对供电可靠性的要求及中断供电在政治、经济上所造成损失或影响的程度进行分级，并应符合下列规定：

1. 一级负荷

符合下列情况之一时，应为一级负荷

（1）供电将造成人身伤亡时。

（2）在政治、经济上造成重大损失时。例如：重大设备损坏、重大产品报废、用重要原料生产的产品大量报废、国民经济中重点企业的连续生产过程被打乱需要长时间才能恢复等。

（3）断供电将影响有重大政治、经济意义的用电单位的正常工作。例如：重要交通枢纽、重要通信枢纽、重要宾馆、大型体育场馆、经常用于国际活动的大量人员集中的公共场所等用电单位中的重要电力负荷。

在一级负荷中,当中断供电将发生中毒、爆炸和火灾等情况的负荷,以及特别重要场所的不允许中断供电的负荷,应视为特别重要的负荷。

2. 二级负荷

符号下列情况之一时,应为二级负荷

(1) 中断供电将在政治、经济上造成较大损失时。例如:主要设备损坏、大量产品报废、连续生产过程被打乱需较长时间才能恢复、重点企业大量减产等。

(2) 中断供电将影响重要用电单位的正常工作。例如:交通枢纽、通信枢纽等用电单位中的重要电力负荷,以及中断供电将造成大型影剧院、大型商场等较多人员集中的重要的公共场所秩序混乱。

3. 三级负荷

不属于一级和二级负荷者应为三级负荷。

二、各类负荷对电源要求

1. 一级负荷的供电电源

一级负荷的供电电源应符合下列规定:

(1) 一级负荷应由两个电源供电;当一个电源发生故障时,另一个电源不应同时受到损坏。

(2) 一级负荷中特别重要的负荷,除由两个电源供电外,还应增设应急电源,并严禁将其他负荷接入应急供电系统。

2. 应急电源的种类

下列电源可作为应急电源

(1) 独立于正常电源的发电机组。

(2) 供电网络中独立于正常电源的专用的馈电线路。

(3) 蓄电池。

(4) 干电池。

3. 应急电源的选择

根据允许中断供电的时间可分别选择下列应急电源:

(1) 允许中断供电时间为 15s 以上的供电,可选用快速自起动的发电机组。

(2) 自投装置的动作时间能满足允许中断供电时间的,可选用带有自动投入装置的独立于正常电源的专用馈电线路。

(3) 允许中断供电时间为毫秒级的供电,可选用蓄电池静止型不间断供电装置、蓄电池机械贮能电机型不间断供电装置或柴油机不间断供电装置。

4. 应急电源的工作时间

应急电源的工作时间,应按生产技术上要求的停车时间考虑。当与自动起动的发电机组配合使用时,不宜少于 10min。

5. 二级负荷的供电电源

二级负荷的供电系统，宜由两回线路供电。在负荷较小或地区供电条件困难时，二级负荷可由一回 6kV 及以上专用的架空线路或电缆供电。当采用架空线时，可为一回架空线供电；当采用电缆线路时，应采用两根电缆组成的线路供电，其每根电缆应能承受 100% 的二级负荷。

【知识链接 3】电源及供电系统

一、电源及供电系统设计规范

（1）符合下列情况之一时，用电单位宜设置自备电源：

①需要设置自备电源作为一级负荷中特别重要负荷的应急电源时或第二电源不能满足一级负荷的条件时。

②设置自备电源较从电力系统取得第二电源经济合理时。

③有常年稳定余热、压差、废气可供发电，技术可靠、经济合理时。

④所在地区偏僻，远离电力系统，设置自备电源经济合理时。

（2）应急电源与正常电源之间必须采取防止并列运行的措施。

（3）供配电系统的设计，除一级负荷中特别重要负荷外，不应按一个电源系统检修或故障的同时另一电源又发生故障进行设计。

（4）需要两回电源线路的用电单位，宜采用同级电压供电。但根据各级负荷的不同需要及地区供电条件，亦可采用不同电压供电。

（5）有一级负荷的用电单位难以从地区电力网取得两个电源而有可能从邻近单位取得第二电源时，宜从该单位取得第二电源。

（6）同时供电的两回及以上供配电线路中一回路中断供电时，其余线路应能满足全部一级负荷及二级负荷。

（7）供电系统应简单可靠，同一电压供电系统的变配电级数不宜多于两级。

（8）高压配电系统宜采用放射式。根据变压器的容量、分布及地理环境等情况，亦可采用树干式或环式。

（9）据负荷的容量和分布，配变电所宜靠近负荷中心。当配电电压为 35kV 时亦可采用直降至 220V/380V 配电电压。

（10）在用电单位内部邻近的变电所之间宜设置低压联络线。

（11）小负荷的用电单位宜接入地区低压电网。

二、低压配电室的典型布置

（一）低压配电室布置

（1）配电室的位置应靠近用电负荷中心，设置在尘埃少、腐蚀介质少、干燥和震动轻微的地方，并宜适当留有发展余地。

（2）配电室内除本室需用的管道外，不应有其他的管道通过。室内管道上不应设置阀门和中间接头；水汽管道与散热器的连接应采用焊接。配电屏的上方不应敷设管道。

（3）落地式配电箱的底部宜抬高，室内宜高出地面 50mm 以上，室外应高出地面 200mm 以上。底座周围应采取封闭措施，并应能防止鼠、蛇类等小动物进入箱内。

（4）同一配电室内并列的两段母线，当任一段母线有一级负荷时，母线分段处应设防火隔断措施。

（5）当高压及低压配电设备设在同一室内时，且二者有一侧柜顶有裸露的母线，二者之间的净距不应小于 2m。

（6）成排布置的配电屏，其长度超过 6m 时，屏后的通道应设两个出口，并宜布置在通道的两端，当两出口之间的距离超过 15m 时，其间尚应增加出口。

（7）成排布置的配电屏，其屏前和屏后的通道最小宽度应符合表 4-4 的规定。

表 4-4　　　　　　　　配电屏前后的通道的最小宽度

配电屏种类		单排布置/m	屏后		双排对面布置/m	屏后		双排背对背布置/m	屏后		多排同向布置/m	前、后排距墙	
		屏前	维护	操作	屏前	维护	操作	屏前	维护	操作	屏间	前排	后排
固定式	不受限制时	1.5	1.0	1.2	2.0	1.0	1.2	1.5	1.5	2.0	2.0	1.5	1.0
	受限制时	1.3	0.8	1.2	1.8	0.8	1.2	1.3	1.3	2.0	2.0	1.3	0.8
抽屉式	不受限制时	1.8	1.0	1.2	2.3	1.0	1.2	1.8	1.0	2.0	2.3	1.8	1.0
	受限制时	1.6	0.8	1.2	2.0	0.8	1.2	1.6	0.8	2.0	2.0	1.6	0.8

（二）配电设备布置中的安全措施

（1）在有人的一般场所，有危险电位的裸带电体应加遮护或置于人的伸臂范围以外。

（2）标称电压超过交流 25V（均方根值）容易被触及的裸带电体必须设置遮护物或外罩，其防护等级不应低于《外壳防护等级分类》（GB4208-84）的 IP2X 级。

（3）当需要移动遮护物、打开或拆卸外罩时，必须采取下列的措施之一：
①使用钥匙或其他工具；
②切断裸带电体的电源，且只有将遮护物或外罩重新放回原位或装好后才能恢复供电。

（4）当裸带电体用遮护物遮护时，裸带电体与遮护物之间的净距应满足下列要求：

①当采用防护等级不低于 IP2X 级的网状遮护物时，不应小于 100mm；

②当采用板状遮护物时，不应小于 50mm。

（5）容易接近的遮护物或外罩的顶部，其防护等级不应低于《外壳防护等级分类》（GB4208-84）的 IP4X 级。

（6）在有人的一般场所，人距裸带电体的伸臂范围应符合下列规定：

①裸带电体布置在有人活动的上方时，裸带电体与地面或平台的垂直净距不应小于 2.5m；

②裸带电体布置在有人活动的侧面或下方时，裸带电体与平台边缘的水平净距不应小于 1.25m；

③当裸带电体具有防护等级低于 IP2X 级的遮护物时，伸臂范围应从遮护物算起；

④在正常的人工操作时手中需执有导电物件的场所，计算伸臂范围时应计入这些物件的尺寸。

（7）配电室通道上方裸带电体距地面的高度不应小于下列数值：

①屏前通道为 2.5m；当低于 2.5m 时应加遮护，遮护后的护网高度不应低于 2.2m；

②屏后通道为 2.3m；当低于 2.3m 时应加遮护，遮护后的护网高度不应低于 1.9m。

即：安装在生产车间和有人场所的开敞式配电设备，其未遮护的裸带电体距地面高度不应小于 2.5m；当低于 2.5m 时应设置遮护物或阻挡物，阻挡物与裸带电体的水平净距不应小于 0.8m，阻挡物的高度不应小于 1.4m；阻挡物内屏前、屏后的通道宽度应符合规范的规定。

（三）配电室对建筑的要求

（1）配电室屋顶承重构件的耐火等级不应低于二级，其他部分不应低于三级。

（2）配电室长度超过 7m 时，应设两个出口，并宜布置在配电室的两端。当配电室为楼上楼下两部分布置时，楼上部分的出口应至少有一个通向该层走廊或室外的安全出口。配电室的门均应向外开启，但通向高压配电室的门应为双向开启门。

（3）配电室的顶棚、墙面及地面的建筑装修应少积灰和不起灰；顶棚不应抹灰。

（4）配电室内的电缆沟应采取防水和排水措施。

（5）当严寒地区冬季室温影响设备的正常工作时，配电室应采暖。炎热地区的配电室应采取隔热、通风或空调等措施。有人值班的配电室，宜采用自然采光。在值班人休息间内宜设给水、排水设施。附近无厕所时宜设厕所。

（6）位于地下室和楼层内的配电室，应设设备运输的通道，并应设良好的通风和可靠的照明系统。

（7）配电室的门、窗关闭应密合；与室外相通的洞、通风孔应设防止鼠、蛇类等小动物进入的网罩，其防护等级不宜低于《外壳防护等级分类》（GB4208-84）的IP3X级。直接与室外露天相通的通风孔还应采取防止雨、雪飘入的措施。

注：10kV 变电所应符合国家标准《10kV 及以下变电所设计规范》（GB50053-1994）的规定。

习 题 四

4.1 何谓直击雷、感应雷，这些对电气设备有何危害？

4.2 避雷器的作用是什么？阀型避雷器是怎样构成的？

4.3 什么叫接地？什么叫接零？它们有什么作用？

4.4 简述避雷针设置原则。

4.5 避雷器的种类主要有哪些？

4.6 接地的种类有哪些？

4.7 什么叫均压环？在建筑防雷设计时，对均压环的设计有什么要求？

4.8 什么叫跨步电压？

4.9 保护接地的应用范围是什么？

4.10 为什么绝缘电阻的测量要用兆欧表而不用万用表和电桥？

4.11 氧化锌避雷器的工作原理是什么？

4.12 什么叫过电压？过电压有哪几种？

4.13 保护接零的应用范围是什么？

参 考 文 献

[1] 侯大年. 电工技术（第一版）[M]. 北京：电子工业出版社，2002
[2] 曹登场. 电工基础（第二版）[M]. 重庆：西南师范大学出版社，2008
[3] 刘昌明. 建筑供配电系统安装 [M]. 北京：机械工业出版社，2007
[4] 徐红升. 电工基础及实训 [M]. 北京：清华大学出版社，2009
[5] 王明昌. 建筑电工学（第二版）[M]. 重庆：重庆大学出版社，2004
[6] 杨元挺. 电工技能训练 [M]. 北京：电子工业出版社，2007
[7] 李贤温. 电工基础与技能 [M]. 北京：电子工业出版社，2006
[8] 付家才. 电工实验与实践 [M]. 北京：高等教育出版社，2004
[9] 李开慧. 电工电子技术基础 [M]. 北京：人民邮电出版社，2007
[10] 伍爱莲，李皓瑜. 电工技术 [M]. 武汉：华中科技大学出版社，2009
[11] 杨凤. 电工技术. 电工学Ⅰ [M]. 北京：机械工业出版社，2009
[12] 李海军. 电工技术 [M]. 北京：国防工业出版社，2008
[13] 姚海彬，贾贵玺. 电工技术（第三版）[M]. 北京：高等教育出版社，2008
[14] 任维政，高英编. 电工技术实践 [M]. 北京：科学出版社，2008
[15] 仇超. 电工技术 [M]. 北京：机械工业出版社，2009